이 도서의 국립중앙도서관
출판예정도서목록CIP은
서지정보유통지원시스템
홈페이지http://seoji.nl.go.kr와
국가자료종합목록 구축시스템
http://kolis-net.nl.go.kr에서
이용하실 수 있습니다.
CIP제어번호 : CIP2020047488

목수책방
木水冊房

정원 잡초와 사귀는 법

오가닉 가든 핸드북

organic garden handbook

히키치 가든 서비스

히키치 도시
히키치 요시하루 지음

양지연 옮김

들어가는 글

소중한 화단이나 텃밭을 망치는 식물이라며 잡초를 비난하는 시선으로 바라보는 사람이 많다. 길가의 잡초는 괜찮지만 내 정원에 잡초가 자라는 건 싫다는 사람도 있다. 정원 가꾸기에 열을 올리던 사람이 어느 순간 이제는 정원 가꾸는 일이 싫어졌다고 손사래 치는 경우를 많이 보았다. 가장 큰 이유가 잡초였다.

잡초가 자라게 두어도 괜찮을까?
뿌리째 뽑아야만 할까?
풀 뽑기에 적절한 시기는 언제일까?
잡초가 화단과 텃밭의 영양분을 다 빼앗는 것은 아닐까?
제초제를 쓰지 않고 잡초를 없애려면 어떻게 해야 할까?
도대체 잡초의 존재 이유는 무엇일까?
이런 질문의 해답을 알고 있다면 좀 더 안심하고 잡초를 바라볼 수 있지 않을까.

흔히 "잡초라는 이름의 풀은 없다"고들 한다. '잡雜'이라는 글자는 '천하다', '쓸데없다'라는 이미지를 강하게 풍긴다. 하지만 잡목림이라고 말할 때의 '잡'에는 '다양한'이라는 의미가 담겨 있다. 잡목림은 여러 다양한 나무가 자라는 숲이라는 뜻이기도 하다. 그런 면에서 본다면 정원, 빈터, 밭 등에 자연스럽게 생겨난 여러 다양한 식물을 오히려 긍정적인 의미에서 잡초라고 부를 수도 있을 듯하다.

지금까지 발간된 잡초 관련 책은 자연관찰용 도감이나 농작물의 성장을 방해하는 풀을 제거하기 위한 제초 목적의 책이 대부분이었다. 드물기는 하지만 사람들이 잡초에 관심을 보일 때가 있다. 바로 약용이나 식용으로 인간에게 도움이 될 때다.
하지만 나는 인간에게 직접 도움이 되지 않는다 해도 잡초가 이곳저곳에서 많이 자라나기를 바란다. 인간에게 도움이 된다는 관점보다 훨씬 거시적인 관점에서 보면 잡초는 생태계를 풍요롭게 해 주는 중요한 동료이기 때문이다.

잡초는 다른 생물이나 흙과 밀접한 관계를 맺으면서 살아간다. 살아 있을 때에는 흙의 표면을 뒤덮어 자외선으로부터 토양미생물을 지켜 주고, 겨울이 되어 말라 죽으면 땅속 영양분이 되어 준다. 작은 생물들에게 은신처나 먹이를 제공해 주면서 생태계의 다양성을 만들어 나가는 데에도 일조한다. 작고 여린 풀이지만 초록색 잎으로 광합성을 하면서 산소도 만들어 낸다. 정원 일을 하다 보면 잡초가 있는 곳에서는 나무도 생글생글 웃고 있는 것처럼 보인다. 실제로 나무가 좋아하는지는 잘 모르겠지만 잡초와 나무 사이에도 뭔가 끈끈한 정이 있는 듯하다. 매일같이 잡초를 마주하다 보니 잡초를 알고 싶은 마음, 정원이라는 공간 속에서 흙과 생물이 맺는 유기적 관계를 염두에 두고 잡초를 바라보려는 마음이 커졌다. 이 책은 오가닉 가드너로 일하면서 정원에서 매일같이 잡초와 마음을 나누었던 기억들을 모아 정리한 책이다.

책은 모두 3장으로 구성되어 있다. 1장에서는 정원에서 흔히 볼 수 있는 잡초 각각의 특성과 생장방식을, 2장에서는 정원 일을 하며 익혀 온 풀 뽑기 방법과 편리한 도구 등 정원 관리법을 소개한다. 3장에서는 잡초 전반에 관한 근본적인 시각과 잡초가 생태계와 맺고 있는 관계를 다룬다. 3장을 읽으면 1장과 2장의 이해가 깊어질 것이다.

옛 사람들은 잡초와 함께 살아가는 방법을 아주 잘 알고 있었다. 지역마다 잡초를 부르는 그 지역 특유의 이름이 많다. 그만큼 잡초가 인간의 실생활과 밀착되어 있었기 때문이다. 오늘날 우리도 잡초 본래의 모습과 특성, 잡초가 살아가는 장소 등을 이해하고 제초 방식이나 정원에서 살리는 방식을 고민한다면 잡초와 아름답게 공존할 수 있을 것이다. 이 책이 잡초와 아름답게 공존하는 날을 꿈꾸는 이들에게 작은 도움이 되기를 바란다.

차례

들어가는 글 —— 004
한눈에 보는 정원 잡초 —— 012
오가닉 가든이란? —— 016
이 책의 사용법 —— 019

1
정원에서 흔히 볼 수 있는 잡초들

오가닉 가든의 잡초 분류법 —— 024

땅을 기는 형태 —— 027

괭이밥 —— 028
괭이싸리 —— 031
긴병꽃풀 —— 033
닭의장풀 —— 035
돌나물 종류 —— 037
메밀여뀌 —— 039
바위취 —— 041
산뱀딸기 —— 043
쇠비름 —— 045
애기땅빈대 —— 047
양치식물 —— 050
이끼식물 —— 052
좀씀바귀 —— 055
주름조개풀 —— 057
토끼풀 —— 058
피막이 —— 061

가는 잎 ——— 063
　　강아지풀 ——— 064
　　개여뀌 ——— 066
　　금방동사니 ——— 068
　　뚝새풀 ——— 070
　　바랭이·왕바랭이 ——— 072
　　벼과 잡초 ——— 075
　　새포아풀 ——— 082
　　수크령 ——— 084
　　염주 ——— 086
　　참억새 ——— 088

둥근 잎(눈에 띄는 잎) ——— 091
　　개쑥갓 ——— 092
　　개엉겅퀴 ——— 094
　　꽃마리 ——— 096
　　냉이 ——— 098
　　떡쑥 ——— 100
　　봄망초·개망초 ——— 103
　　뽀리뱅이 ——— 108
　　서양금혼초 ——— 110
　　서양민들레 ——— 112
　　제비꽃 종류 ——— 117
　　좀양귀비 ——— 120
　　주홍서나물 ——— 122
　　질경이 ——— 124
　　참소리쟁이 ——— 127
　　큰금계국 ——— 131
　　큰방가지똥 ——— 134
　　타래난초 ——— 136
　　황새냉이 ——— 138

덩굴(덩굴식물) ——— 140
　　가는살갈퀴 ——— 141
　　개머루 ——— 143
　　거지덩굴 ——— 145
　　계요등 ——— 148
　　메꽃 ——— 152
　　붉은하늘타리 ——— 154
　　송악 종류 ——— 158
　　참마 ——— 162
　　칡 ——— 164
　　환삼덩굴 ——— 166

그 밖의 잡초 —— 168

고마리 —— 169
광대나물 —— 172
까마중 —— 175
끈끈이대나물 —— 177
망초 —— 179
머위 —— 181
명아주·흰명아주 —— 184
미국자리공 —— 187
별꽃 종류 —— 190
분꽃 —— 192
분홍낮달맞이꽃 —— 195
섬모시풀 —— 197
쇠뜨기 —— 199
쇠무릎 —— 202
쑥 —— 204

애기분홍낮달맞이꽃 —— 206
약모밀 —— 208
양미역취 —— 211
유럽점나도나물 —— 214
이삭여뀌 —— 215
자주광대나물 —— 217
자주괴불주머니 —— 219
죽자초 —— 221
쥐꼬리망초 —— 223
큰개불알풀 —— 225
큰도꼬마리 —— 227
털도깨비바늘 —— 228
털별꽃아재비 —— 230
파드득나물 —— 232
환량초 —— 234

② 정원에서 잡초와 함께하는 법

잡초가 자라지 않게 하는 법 —— 238
정원에 잡초를 활용하는 법 —— 244
풀 뽑는 법 —— 248
뽑기 쉬운 풀과 어려운 풀 —— 259
풀 뽑기 도구 —— 260

3

잡초를 더 잘 알기 위해
알아 두어야 할
기초 지식

잡초란 무엇인가? —— 268
잡초의 생활사 —— 271
형태에 따른 분류 —— 273
다양한 잡초 —— 275
잡초의 역할 —— 278
흙과 잡초의 관계 —— 286
화학비료와 유기비료 —— 293
제초제의 문제점 —— 298

맺음말 —— 302
참고문헌 —— 304

한눈에 보는 정원 잡초

가나다순

가는살갈퀴 141
강아지풀 064
개망초 103
개머루 143
개속단 092
개엉겅퀴 094
개여뀌 066
거지덩굴 145
계요등 148
고마리 169
광대나물 172
괭이밥 028
괭이싸리 031
금방동사니 068
긴병꽃풀 033
까마중 175
꽃마리 096
끈끈이대나물 177
냉이 098
닭의장풀 035
돌나물 장류 037
떡쑥 100
뚝새풀 070

오가닉
가든이란

어린아이나 반려동물이 있어서 정원에 농약을 치고 싶지 않다는 꽤 구체적인 이유로 오가닉 가든에 관심을 갖는 사람이 많이 늘었다. 가족의 건강과 환경을 생각해 농약을 쓰고 싶지 않은 것이다.

사람들은 오가닉 가든하면 살충제, 제초제, 화학비료를 사용하지 않을 것이라고 생각한다. 나도 처음에는 그렇게 생각했다. 그뿐만 아니라 농약을 사용하지 않고 벌레가 한 마리도 없는 상태로 만들려고 진지하게 고민하던 때도 있었다. 그러기 위해 천연농약을 만들어 살포하기도 했다.

하지만 다양한 벌레를 살피며 조사하다 보니 천연농약이 천적이 되는 벌레까지 내쫓아 버린다는 사실을 알게 되었다. 그래서 지금은 천연농약도 웬만하면 사용하지 않는다. 천연농약을 뿌리는 일 이상으로 중요한 일이 생태계의 균형을 맞추는 일이기 때문이다. '벌레에게 좀 갉아 먹히면 어떠냐'라는 기본 전제가 없으면 오가닉 가든은 불가능하다는 사실을 점점 깨닫게 되었다.

이를 테면 우리집 정원에 무당벌레가 찾아와 주기를 바란다면 무당벌레의 먹이가 되는 진딧물이 해마다 생겨나야 한다. 진딧물이 있기 때문에 무당벌레가 찾아오며 다른 여러 생물들도 찾아든다. 그러면 어떤 특정 벌레만 폭발적으로 늘어나 곤란해지는 상황을 막을 수 있다.

오가닉organic이 무엇일까 고민하다가 "쓸데없는 일을 하지 않는다. 쓸데없는 것을 가져오지 않는다"라는 결론에 이르렀다. 자연은 본래 그 자리에 있는 것만으로 조화롭게 순환한다. 그럼에도 불구하고 농약, 화학비료, 외래종 등 쓸데없는 것을 끌어들이기 때문에 이런저런 문제가 생긴다. 우리가 생각하는 오가닉 가든은 다양한 생물들이 활발히 서로 관계를 맺는 정원이다. 그렇다면 오가닉 가든을 만들기 위해서는 어떻게 하면 좋을까.

무농약, 무화학비료는 물론이거니와 더 나아가 벌레, 새, 나무, 풀 등을 잘 관찰하고 다양한 생물들이 복합적으로 맺는 관계 속에서 정원의 즐거움을 발견해야 한다. 그런 정원은 자연의 섭리, 자연의 경이를 마주하는 설렘으로 가득 차 있다. 그런 정원의 가장 중요한 구성원이 바로 잡초다. 흙이 있으면 잡초가 가장 먼저 자라나기 마련이니까.

생태계 피라미드에서 식물은 유일한 생산자다. 생산자란 무기물을 유기물로 만들 수 있는 존재를 말한다. 지상의 모든 동물은 식물에 의지해 살아간다. 식물을 먹는 동물은 식물에게서 직접 영양분을 공급받고, 식물을 먹을 수 없는 동물은 초식동물을 먹으면서 간접적으로 식물에게서 영양분을 얻는다. 이렇듯 식물이 만든 영양분은 생물들 사이를 순조롭게 순환한다.

또한 식물은 광합성을 해서 이산화탄소를 흡수하고 산소를 배출한다. 수목이나 아름다운 꽃을 피우는 원예종뿐만이 아니라 잡초도 이런 역할을 한다.
하지만 잡초를 뽑지 않은 채 무성하게 놔둔다면 거리와 정원의 경관은 황폐해진다.

다양한 생물이 유기적으로 연결될 때 생태계의 균형은 유지된다. 생태계 피라미드 속에서 잡초를 포함한 식물은 산소를 만들어 내고 다양한 생물에게 먹이와 서식처를 제공해 준다.

뒷산도 사람의 손길이 닿지 않으면 그 모습을 유지하기 어렵다.
인공적으로 만들어 놓은 정원이나 뒷산은 사람이 돌보지
않으면 금세 황폐해지고 만다. 그러니 무엇보다 생태계의 균형을
유지하면서 잡초를 함께 살리는 일이 중요하다.
생명을 품어 주는 흙, 흙과 교감하는 식물, 식물과 교감하는 벌레,
집 앞뜰은 그곳에서 온갖 생명이 숨 쉬고 있다는 것만으로도
경이롭기 그지없다.
오가닉 가든은 이런 자연의 이치를 일깨워 주는 곳이다.

이 책의 사용법

지역별 환경의 차이로 여러 집 정원에 우리가 본 적 없는 잡초가 자라고 있을 수도 있다. 하지만 이 책에 없는 잡초가 있더라도 기본적인 시각과 태도는 이해할 수 있을 것이다.

1장에서는 정원에서 흔히 볼 수 있는 잡초 87종을 다루었다.
2장에서는 정원의 잡초와 사귀는 방법을 다루었다.
3장에서는 잡초를 더 깊이 알기 위해 잡초의 생태, 흙과의 관계, 농약과의 관계 등을 설명했다.
1장에서는 땅을 기는 형태, 가늘고 긴 잎, 둥근 잎, 덩굴식물, 그 밖의 잡초, 이렇게 다섯 가지 형태별로 잡초를 나누어 설명했다. 잡초는 같은 종이라 하더라도 개체 차이가 커서 키, 잎의 형태, 잎 가장자리 톱니 형태 등이 환경과 조건에 따라 많이 달라진다. 뿌리도 잡초가 자라는 토질에 따라 뻗어 나가는 모양이 다르다. 이 책에 나오는 잡초 사진은 어디까지나 우리가 정원에서 마주한 잡초이므로 참고삼아 봐 주길 바란다.
각각의 잡초 설명 서두에 개화 시기, 키 등의 정보를 병기했는데 이 또한 어디까지나 표준적인 데이터다.
원예종이라 하더라도 야생화되는 것이 있는데 이 또한 '정원에 있으면 곤란한 풀'이라는 의미에서는 잡초에 속한다고 보고 거론했다.
외래종이지만 보리가 전래되면서 함께 들어온 것으로 보이는 풀은 재래종으로 다루었다.
똑같은 잡초라도 자료에 따라 여러해살이풀로 분류하기도 하고 두해살이풀 혹은 가을 발아 한해살이풀가을에 싹이 터서 그 이듬해 자라서 꽃이 피고 열매를 맺은 뒤 죽는 풀로 보통 두해살이풀로 분류하는데, 원서에서 가을 발아 한해살이풀을 따로 구분하고 있으므로 이 책에서도 그렇게 구분해서 표기한다로 분류하기도 한다. 지역의 기후에 따라 생활사가 다른 측면이 있기 때문이다.

잡초에 대처하는 법을 '알아 두세요'라는 박스로 언급했는데 그 이유는 잡초를 적대시해 뿌리째 근절하자는 의도가 아니라 균형 잡힌 정원에서 잡초와 잘 공생해 나가기 위한 방법을 제안하기 위해서다.

뽑기 어렵다거나 쉽다는 식의 구분은 어디까지나 일반적인 특성을 말한다. 흙의 상태 등에 따라 난이도의 차이가 생길 수밖에 없다.

일러두기

'잡초'라는 풀은 없지만 저자가 사용한 단어 그대로 살려 표기했다.

'오가닉 가든' 역시 저자가 책에 사용한 대로 영어 발음 표기 그대로 사용했다.

식물 이름과 분류는 국가표준식물목록 www.nature.go.kr/kpni/index.do과 국가생물다양성정보공유체계www.kbr.go.kr/index.do를 기준으로 정리했고, 여기에 등록되지 않은 식물은 일반적으로 통용되는 한국 이름을 쓰거나, 한국 이름이 없을 경우 학명이나 일본 이름을 발음 나는 대로 표기했다.

원서에서 '월년초越年草', '월년1년초'라 표기한 식물은 국내에서는 두해살이풀로 구분하지만 '가을 발아 한해살이풀두해살이풀'로 구분해서 표기했다.

재래종·외래종·교란종 구분은 일본 상황을 기준으로 한 것으로 우리와는 다를 수 있다.

고딕체로 처리한 것은 모두 역자 주다.

정원에서 흔히 볼 수 있는 잡초들 ①

오가닉 가든의 잡초 분류법

잡초는 개체에 따라 잎의 크기와 모양, 키가 무척 다르며 똑같은 종이라 해도 변화무쌍한 형태를 보인다.

붉은하늘타리*Trichosanthes cucumeroides* (Ser.) Maxim 국가표준식물 목록에는 등재되어 있지 않아 국가생물다양성정보공유체계www.kbr.go.kr의 국명으로 표기했다를 예로 들어보자. 붉은하늘타리는 잎이 구불구불한 것도 있고 아닌 것도 있으며, 잎이 큰 것도 있고 작은 것도 있는 등 가지각색이다. 때로는 과연 붉은하늘타리가 맞나 싶은 개체도 있다. 쑥처럼 한 뿌리에서 올라왔음에도 불구하고 잎의 형태가 제각각인 개체도 있다.

이는 잡초의 일반적인 특징이다. 또한 외래종이 재래종과 교잡해 중간종이 생겨나면서 미묘하게 모습을 바꾸는 일도 있다. 질경이는 짓밟혀도 끈질기게 살아남는다고 하는데, 자주 짓밟히는 곳에 있는 질경이는 잎과 키가 작지만 그런 외압이 없는 곳에서는 잎이 엄청 크다. 그만큼 풀들은 다양한 환경에 적응한다.

잡초를 분류하는 방법은 여러 가지다. 학술적인 분류도 있지만(271쪽 참조) 정원에서 일상적으로 잡초와 마주한다면 좀 더 간단한 분류법이 나을 듯하다. 날마다 잔디정원을 관리하다 보니 분류가 필요할 것 같아서 우리 나름대로 잡초 분류법을 만들어 보았다. 이 책은 우리의 분류법에 따라 정리했다. 꼭 잔디정원이 아니더라도 정원을 관리하기에 편리한 분류법이다.

① 땅을 기는 형태
② 가늘고 긴 잎
③ 둥근 잎(눈에 잘 띄는 잎)
④ 덩굴(덩굴식물)

⑤ 그 밖의 잡초

자라는 환경에 따라 분류하는 방법도 있다. 이 책에서는 그런 분류법을 쓰지는 않았지만 알아 두면 자신의 정원이 어떤 토질과 환경인지 짐작할 수 있다. 자라는 환경과 잡초의 관계는 275쪽에서 자세하게 다루었다. 유기농약을 쓰고 자연농을 실천하는 사람들은 벼과 잡초와 둥근 잎의 냉이, 광대나물, 큰개불알풀, 자주광대나물 같은 작은 잎 잡초(이 책에서는 '그 밖의 잡초'로 분류했다)가 적절하게 섞여 자라는 밭이 가장 균형 잡힌 밭이라고 말한다.
그 밖에도 먹을 수 있는 잡초와 먹어서는 안 되는 잡초로 나누는 분류법도 있다. 먹을 수 있는 잡초는 대체로 무쳐 먹거나 튀겨서 먹는다. 생채로 그대로 먹기에는 쓴맛이 너무 강하기 때문이다.

양지에서 자라는 식물   큰개불알풀, 냉이, 자주광대나물, 광대나물 등
습한 곳에서 자라는 식물   섬모시풀, 약모밀, 고마리 등
산성 토양을 좋아하는 식물   질경이, 토끼풀, 쇠뜨기, 제비꽃, 쑥 등
알칼리성 토양을 좋아하는 식물   양미역취, 별꽃 등
비옥한 땅을 좋아하는 식물   가모케타 코아르크타타 *Gamochaeta coarctata*, 큰개불알풀, 냉이, 털별꽃아재비, 광대나물
밟히는 곳에 사는 식물   질경이, 새포아풀 등
밟히는 걸 싫어하는 식물   약모밀 등
어떤 조건에서든 잘 사는 식물   제비꽃 등
제초제에 내성을 지닌 식물   봄망초, 개망초, 망초 등
먹을 수 있는 식물   명아주, 긴병꽃풀, 가는살갈퀴, 칡, 토끼풀, 서양민들레, 닭의장풀, 약모밀, 개망초, 바위취 등

먹어서는 안 되는 식물　죽자초, 광대나물, 자주괴불주머니,
미국자리공 등

땅을 기는 형태

키가 그리 크지 않고 땅 가까이 붙어 살아가는 잡초를 땅을 '기는 형태'라고 부르려 한다. 이끼식물이나 양치식물처럼 꽃을 피우지 않고 포자로 증식하는 식물이 있는 반면, 긴 줄기를 땅에 고정시킨 채 뻗어 나가는 러너runner, 줄기를 옆으로 뻗으면서 마디에서 뿌리를 내려 새로운 포기를 늘리는 식물의 형태타입의 식물도 있다. 예쁜 꽃을 피우는 것도 많다.

이런 형태는 잘만 하면 지피식물자라면 토양을 덮어 풍해나 수해를 방지하여 주는 식물로 활용할 수 있고, 키가 쑥 자라거나 잎이 엄청 커지는 형태 등 눈에 잘 띄는 잡초가 자라지 못하게 막아 주는 역할도 한다.

그 밖에 지의류가 있는데, 이는 식물이 아니라 균류로 이끼식물과는 생물학상 전혀 다른 부류다. 가시와다니 히로유키가 쓴 《지의류란 무엇인가》를 보면 지의류 전체의 약 70퍼센트가 '○○이끼', '○○이끼', 이런 식으로 이름에 이끼가 붙어 있어서 혼란을 불러일으킨다는 말이 나온다. 나무줄기에 달라붙어 있거나, 돌 등에 붙어 있는 것은 이끼식물일 수도 지의류일 수도 있는데 눈으로 구분하기가 쉽지 않다.

괭이밥

괭이밥과 괭이밥속
여러해살이풀
개화 시기 5~10월
키 10~30센티미터
다소 건조한 양지
재래종

남미 원산으로 에도시대1603~1868년, 17~19세기에 관상용으로 일본에 들어왔다는 설이 있지만 헤이안시대 794~1185년, 8~12세기에 집안을 상징하는 가문家紋으로 쓰였다는 설도 있어서 정확하지는 않다. 건조하고 단단한 양지를 좋아하며 사람이 자주 다니는 곳 여기저기에 자란다.

정원에서 흔히 보는 괭이밥은 재래종인 붉은괭이밥이다. 아담한 노란색 꽃에 잎은 붉은 빛이 도는 갈색으로 생김새가 무척 개성이 있다. 봄부터 가을까지 내내 꽃을 피운다.

투명한 주머니(외피)에 담긴 씨앗은 주머니가 터지면서 뒤집어지는 반동을 이용해 주머니가 찢겨진 틈새로 튕겨져 나온다. 세 갈래로 나뉜 잎 하나하나는 하트 모양이며 맨 처음 나오는 떡잎은 쌍떡잎이다. 포기가 조금 쪼그라든 채 겨울을 나고 봄이 되면 다시 줄기를 뻗으며 꽃을 피운다.

괭이밥은 남방부전나비 애벌레가 좋아하는 풀로 성충은 잎 뒤에 작은 알을 낳는다. 괭이밥의 꽃말은 '반짝이는 마음'이다. 꽃말도 꽃처럼 예쁘다. 분홍 꽃이 피는 원예종은 자주괭이밥으로 '괭이밥 장미'라는 별명이 붙었다. 번식력이 왕성하다고 싫어하는 사람도 많다. 정원의 다른 식물들과 잘 어우러지기만 하면 품을 들이지 않고도 계속 꽃을 즐길 수 있는 훌륭한 식물이라고 좋아했는데, '요주의 외래생물' 목록(132쪽 참조)에 떡하니 이름이 올랐다.

지나치게 뻗어 나가지 않도록 범위를 정해 두는 게 좋다. 앞으로 혹시나 '특정외래식물'로 지정된다면 모르는 사이에 정원에 자리

1 재래종 붉은괭이밥은 붉은 빛이 도는 갈색 잎이 특징이다. 양지에서 자라며, 그리 크게 자라지 않는다. **2** 괭이밥은 빛이 잘 들고 건조하며 단단한 땅에서 잘 자란다. **3** 꽃 한가운데 색이 짙은 것이 원예종인 덩이괭이밥이다. **4** 괭이밥은 뿌리를 단단히 뻗고 있으며 줄기도 종횡으로 길게 뻗어 나가 뽑기 힘들다. **5** 원예종인 자주괭이밥은 꽃 한가운데 색이 연하며 덩이괭이밥보다도 청초한 느낌이다. **6** 흰꽃덩이괭이밥은 꽃이 청초하고 아름다운 보기 드문 원예종이다. **7** 갈색날개노린재와 개미의 모습. 괭이밥은 땅을 기어가듯이 자라서 여러 곤충들의 보금자리가 되어 준다. **8** 남방부전나비의 애벌레는 괭이밥을 먹고 자란다.

잡았다 하더라도 벌금형이나 금고형을 받게 될지 모르니 주의해야 한다.

알아 두세요

단단한 땅에서 자라기 때문에 줄기를 잡아 뽑으면 윗부분만 찢기기 십상이므로 뿌리째 뽑으려면 땅을 뒤엎어야 한다.

괭이싸리

콩과 싸리속
여러해살이풀
개화 시기 7~9월
키 50~80센티미터
다소 건조한 양지, 풀밭, 조성지造成地
재래종

잔디가 듬성듬성해진 곳에 잘 생긴다. 빛이 잘 드는 마른 땅을 좋아하며 키가 큰 식물들에 둘러싸이면 빛이 닿지 않아 잘 자라지 못한다. 공중의 질소를 흙속에 고정시키는 콩과 식물 특유의 성질을 지니고 있다. 잎과 줄기에 부드러운 털이 나 있어 이름에 '고양이'가 붙었다고 한다(개싸리에 대비시켜 괭이싸리라는 이름이 붙었다는 설도 있다). 목장갑을 끼고 만지면 털이 잔뜩 달라붙어서 제초하는 내내 기분이 좋지 않다. 잎은 토끼풀과 비슷한데 꽤 귀여운 세 장의 잎이 있어 기르고 싶은 충동에 사로잡히곤 한다. 괭이싸리가 보이면 바로 뽑아 버려 지금껏 꽃을 본 적이 없는데, 7~9월에 작고 귀여운 하얀 꽃을 피운다고 한다. 괭이싸리가 정원에 자연스레 생겨났다면 지피식물로 삼는 것도 방법일 듯하다. 단, 콩과 식물은 일정 정도 흙에 질소를 고정시키고 나서는 점점 다른 장소로 이동해 가는 경향이 있어서 여기서만 자라 달라고 애원해도 들어 주지 않는 게 문제다. 아무튼 지금 이 순간 그 자리 그 모습 자체를 즐기는 일도 잡초와 사귀는 방법의 하나다.

알아 두세요

제초하고 싶다면 보이는 족족 바로바로 땅 윗부분을 잡아당겨 뽑는다. 매해 반복하다 보면 쇠락한다. 여러해살이풀이어서 한 해에 없애기는 어렵다. 끈기를 가지고 대처해야 한다.

1 평범해서 눈에 잘 띄지 않지만 번식력이 강하다. 목장갑을 끼고 뽑으면 쑥 뽑힌다.
2 폐쇄화閉鎖花(꽃받침조각·꽃잎이 열리지 않고 자가수분·수정을 하는 꽃)라서 꽃잎이 열리지 않는다. 싸리처럼 귀여운 꽃을 피우기도 한다는데 아직 본 적은 없다.

긴병꽃풀

꿀풀과 긴병꽃풀속
여러해살이풀
개화 시기 4~5월
키 5~25센티미터
양지~반음지, 배수가 잘 되는 곳
재래종

요즘에는 긴병꽃풀을 잘 볼 수 없다. 어렸을 때에는 어디서나 흔히 볼 수 있었는데 말이다. 일본어로는 가키도오시垣通し, '가키'는 울타리, '도오시'는 지나간다는 뜻이다라고 하는데 울타리를 넘어 쑥쑥 세력을 확장해 나가서 이런 이름이 붙었다. 그만큼 번식력이 강한 식물인데 언제부터인가 잘 보이지 않는다. 멸종위기종이나 준멸종위기종으로 지정되지는 않았지만 이런 사정을 가진 식물이 우리 주변에 꽤 있다. 자연을 좋아하는 사람들끼리 나누는 잡담 수준이니 정말로 줄어들었는지 명확한 데이터가 있는 것은 아니지만, 일반인의 생활 감각에서 나온 관찰력도 의외로 예리할 수 있다. 지장보살의 둥근 턱받이 같은 모양의 잎이 귀여워서 잎 색깔이 얼룩얼룩한 원예종을 사온 적이 있는데 전혀 뿌리내리지 못하고 죽고 말았다. 인간이 키우고 싶어 하는 곳과 잡초가 자라고 싶어 하는 곳이 반드시 일치하지 않는다는 사실을 새삼 깨달았다. 긴병꽃풀, 누운주름잎, 주름잎, 골무꽃, 금창초는 꽃이 정말 비슷하다.
이 풀들은 모두 다른 잡초의 번식을 억제해 주는 지피식물이다.

1 둥근 잎이 귀여운 긴병꽃풀은 지피식물로도 적합하다. 잎 색깔이 얼룩얼룩한 원예종도 있다. 2 잎 색깔이 얼룩얼룩한 원예종 긴병꽃풀. 3 긴병꽃풀 꽃. 4 금창초. 5 주름잎 꽃. 6 골무꽃 무리. 7 골무꽃의 꽃.

닭의장풀 *

닭의장풀과 닭의장풀속
한해살이풀
개화 시기 6~10월
키 30~50센티미터
다소 습한 곳, 양지 또는 음지
재래종

꽤나 당당한 품새의 풀이다. 작은 꽃병에 꽂아 두어도 그럴싸할 것이다. 이른 아침에 피어 오후에는 시들고 마는 게 아쉽다. 하지만 무시무시한 번식력을 자랑한다. 딴꽃가루받이, 제꽃가루받이, 러너 등 증식 방법이 다양하기 때문에 순식간에 어디로든 뻗어 간다. 의외로 손쉽게 뽑혀서 잡아당기기만 하면 바로 쑥 올라온다. 하지만 도도한 자태가 워낙 예뻐서 좀체 뽑을 마음이 들지 않는다. 닭의장풀과인 자주달개비는 1870년 무렵 북미에서 관상용으로 들여왔다. 트라데스칸티아 팔리다 *Tradescantia pallida*도 닭의장풀과인데 잎까지 자주색으로 독특한 개성을 뽐낸다. 자주달개비와 트라데스칸티아 팔리다 모두 가뭄에 무척 강하다.

> *'청색이 물든 식물'이라는 뜻의 '쓰키쿠사'라고도 불리며, 이 말이 변해 닭의장풀의 일본어인 '쓰유쿠사'가 되었다고 한다. 모자 꽃이라는 의미의 '보우시바나'라고도 부른다.

1 꽃잎 세 장 중에 파란색 잎 두 장이 두드러진다. '모자 꽃'이라는 별명이 딱 들어맞는다. 2 아침 이슬을 머금은 닭의장풀 군락. 아침 일찍 피어 오후 무렵에는 진다. 잡아당기면 손쉽게 뽑힌다. 3 자주달개비는 추위와 병충해에 강하고 아무 데서나 잘 자라지만, 잎이 커서 작은 정원에서 관리하기는 어렵다. 4 자주달개비는 북미 원산의 원예종이다. 장소에 따라서는 4월 무렵부터 꽃이 피는데 6월 무렵에 만개한다.

돌나물 종류

다육식물의 일종인 돌나물은 전 세계에 서식하며 400~500종이 넘는다. 화훼전문점에 처음 드나들기 시작했을 무렵에는 멕시코돌나물이 주를 이루었는데, 요즘에는 돌나물의 종류가 훨씬 많아졌다. 돌나물은 대부분 상록식물이다. 대체적으로 추위와 더위에 모두 강하며 척박한 토지에서도 잘 자라서 비료도 필요 없다. 게다가 잎에 물을 모아 둘 수 있어서 물도 거의 줄 필요가 없다. 이런 돌나물 종류는 가드닝 초급자에게 안성맞춤이다. 강인한 성질 덕분에 옥상 녹화와 바위정원에도 많이 이용된다. 아주 쉽게 뽑히는데, 이렇게 약한 뿌리로 어떻게 가뭄을 견디는지 늘 의문이다. 정원에 심을 때에는 심어만 놓고 팽개치지 말고 걷잡을 수 없이 뻗어 나가지 않게 잘 관리해야 한다. 우리집 정원에서는 다양한 종류의 돌나물을 화단 안에 심어 놓고 밖으로 번져 나가지 않게 관리한다.

벌레들의 식탁

정원에 부추꽃이 필 무렵이면 부전나비가 찾아든다. 나비 두 마리가 팔랑팔랑 어우러져 춤을 춘다. 참소리쟁이는 벌레들의 보물창고로 잎이 가장 건강한 5~7월까지는 진딧물을 비롯해 온갖 잎벌레, 잎벌 들이 모여든다. 물론 이들 벌레를 잡아먹는 천적도 몰려들어 마치 성업 중인 레스토랑 같다. 이런 때 참소리쟁이를 넋 놓고 보고 있노라면 한두 시간이 훌쩍 흘러간다. 한편 벌레들도 냄새가 싫어서인지 약모밀(어성초)에는 잘 모이지 않는다.

1 멕시코돌나물의 꽃. 2 여러 종류의 돌나물을 심으면 변화무쌍한 화단을 즐길 수 있다. 단 마구잡이로 뻗어 나가지 않게 잘 관리해야 한다.

메밀여뀌

갯모밀, 개모밀덩굴

마디풀과 여뀌속
여러해살이풀
개화 시기 5~11월
키 약 10센티미터
양지
외래종 - 히말라야 지방 원산,
메이지시대(1868~1912년, 19세기)

화훼전문점에서는 개모밀덩굴이라는 이름으로 팔린다. 겨울에도 양지에서는 꽃을 피운다. 하지만 더위에는 약한 듯 한여름에는 꽃이 피지 않는다. 그럼에도 기는줄기로 어느 순간 확 늘어난다. 방울방울 달리는 둥그스름한 꽃도 인상적이고 잎 색깔도 좀 미묘하다. 어여쁜 모습 때문에 지피식물로 삼는 사람도 많다. 귀여운 겉모습과는 달리 의외로 강인해서 최근에는 야생에서도 잘 적응하고 있다. 좀양귀비처럼 아무 곳이든 마구 번져 나가지는 않지만 화훼전문점에서 구입해 정원에 심었다면 정원 밖으로 뻗어 나가지 않게 주의해야 한다.

1

1 방울 술 같은 귀여운 꽃을 피우는데 사실 조그만 꽃들이 동그랗게 모여 있는 것이다.
2 무리지어 핀 메밀여뀌 꽃. 개모밀덩굴이라는 이름으로 판매되고 있는데 최근에는 야생에서도 자란다. 3 메밀여뀌 뿌리. 줄기가 땅에 닿으면 마디에서 뿌리가 나와 점점 퍼져 간다. 4 잎에 화살표 모양이 있다. 가을이 되면 빨갛게 단풍이 든다.

바위취

범의귀과 범의귀속
여러해살이풀
개화 시기 5~7월
키 20~50센티미터
조금 습한 곳
재래종

축축한 곳, 빛이 잘 들지 않는 곳에서 자란다. 잡초라기보다 야생초로 알려져 있는데 바위취 꽃은 좋아하는 사람이 꽤 많다. 조건이 나쁜 곳에서도 잘 자랄 뿐만 아니라 다른 잡초의 침입을 막아 주며, 신비스런 모양의 꽃도 앙증맞기 그지없어서 지피식물로 손색이 없다. 어린잎은 튀김으로 만들어 먹으면 맛이 그만이다. 게다가 잎을 짜서 즙을 낸 후 상처 난 부위나 모기 물린 곳에 바르면 효과가 있다. 정말 뭐하나 흠잡을 데 없는 완벽한 풀이다. 그래서 분명 예부터 귀한 보물이라 여겨 집 가까이에 심었던 것 같고, 그 자손이 소리 없이 대를 이어 정원 한 구석에 자라난 것이 아닐까 싶다. 환경만 맞으면 아주 적은 양의 흙에서도 얼굴을 쏙 내민다. 언뜻 보기에는 연약해 보이지만 사실 무척 강인한 생명력을 지녔다.

알아 두세요

수염 같은 빨간색 기는줄기로 증식해 가는데 뿌리가 깊이 뻗지 않아 단번에 쏙 뽑힌다.

1 잎도 꽃도 독특하다. 2 뿌리가 얕아 쑥 뽑힌다. 3 꽃은 바위떡풀이랑 닮았는데 퍽 사랑스럽다. 흙이 조금이라도 있으면 돌 위에서도 자라날 만큼 강인하다.

산뱀딸기
독딸기

장미과 뱀딸기속
여러해살이풀
개화 시기 4~6월
키 5~10센티미터
양지 또는 반음지
재래종

1

땅에 달라붙은 노란색 꽃들이 총총 얼굴을 내미는가 싶더니 어느새 정원 곳곳에 새빨간 열매가 가득하다. 산뱀딸기는 다른 잡초를 억제하는 지피식물로 최적이다. 뱀이 열매를 먹는다고 해서 뱀딸기라는 이름이 붙은 것 같은데, 물론 뱀은 이 열매를 먹지 않는다. 그만큼 맛이 없다는 이야기다. 실제로 먹어 보면 달지도 시지도 않고 아무 맛도 안 난다. "달든지 시든지 하지. 그러면 잼이라도 만들 텐데!"라고 툴툴대던 손님이 떠오른다. 열매가 크고 광택이 있으면 뱀딸기다. 뱀딸기도 아무 맛이 없기는 매한가지다.

1 산뱀딸기는 독딸기라고도 부르는데 사실 독은 없다. 2 산뱀딸기 개화 시기는 4~6월이다. 장미과는 매화부터 벚나무, 딸기까지 다종다양하다(사진_이와타니 미나에). 3 뱀이 숨어 있음직한 으슥한 곳에서 자란다. 열매가 맛이 없어서 뱀이나 먹을 것 같다고 해서 그런 이름이 붙었나 보다. 4 잎은 세 장으로 잎 가장자리가 우둘투둘 톱니 모양이다. 땅을 기면서 잎맥에서 기는줄기를 내어 뻗어 간다.

쇠비름

쇠비름과 쇠비름속
한해살이풀
개화 시기 7~9월
키 5~15센티미터
양지
재래종

화려한 꽃을 피우는 원예종 채송화나 꽃쇠비름과 친구라고 하는데, 쇠비름 꽃은 눈에 잘 띄지 않는다.
큰 포기라면 씨앗을 24만 개나 달고 있다는 기록이 있는데 과연 어떻게 그걸 일일이 세었을까 싶다. 씨앗의 수명은 30년이 넘는다. 대기 중의 이산화탄소를 효율적으로 가두는 식물로 유명하다. 화단이나 텃밭 등 빛이 잘 들고 건조한 곳에서 많이 자란다. 잎이 다육질이라 건조에 강하다.

알아 두세요

뿌리는 땅속 깊이 뻗지 않기 때문에 제초는 그리 어렵지 않지만 양분을 잘 흡수하기 때문에 뽑게 되면 안타깝게도 양분을 땅속에서 꺼내 버리는 꼴이 된다. 키도 크지 않으니 화단의 지피식물로 마를 때까지 키운 뒤 나중에 흙과 뒤섞어 양분을 흙으로 돌려놓으면 좋다. 흙의 양분을 흡수하는 성질 때문에 정원사나 농부들은 '강하고 해로운 잡초'라며 싫어하는 경우가 많은데, 쇠비름과 어떤 관계를 맺는가에 따라 선호는 달라지지 않을까 싶다.

1 예부터 식용했던 풀로 데치면 끈적끈적한 점액이 나와서 이름에 '스베리'가 붙었다고 한다(일본어로 쇠비름은 '스베리히유'로 '스베리'는 '미끌미끌하다', '히유'는 '비름'이라는 의미다).
2 싹이 나기 시작할 때에는 그리 눈에 띄지 않지만 어느 순간 훌쩍 늘어난다.
3 원예종인 꽃쇠비름. 꽃 색깔은 다양하다.

애기땅빈대

대극과 대극속
한해살이풀
개화 시기 6~9월
키 2~10센티미터
비옥하며 건조한 양지,
산성 토양 선호
외래종 - 북미 원산, 메이지시대
중기(1880년대)

애기땅빈대는 작지만 강인한 풀이다. 흙이 별로 없는 척박한 환경에서도 사방팔방으로 줄기를 뻗어 나가고 악착같이 뿌리를 내려 땅을 움켜쥐듯 부여잡은 채 성장한다.
애기땅빈대의 잎은 자주 보았는데 꽃은 본 적이 없어 꽃이 피기는 하나 싶었다. 그러던 어느 무더운 여름날, 정원에서 발견한 애기땅빈대의 잎을 물끄러미 바라보고 있었는데, 세상에나! 작은 꽃이 피어 있었다. 이렇게 조그마하니 알아채지 못하는 것도 당연하지 싶다. 갈라진 콘크리트 벽 틈 등에 달라붙어 있거나 땅을 기듯 자라는 이유는 꽃가루를 나비 등 날아다니는 곤충에게 맡기지 않고 개미에게 맡기기 때문일 것이다. 개미의 도움을 받으려면 아무래도 가능한 한 땅 가까이에서 자라는 편이 유리할 테니까.

알아 두세요

흙을 살짝 퍼내듯이 뽑으면 된다. 줄기를 잡아당기면 윗부분만 뜯기고 만다. 게다가 뜯긴 자리에서 하얀 유액이 나온다. 직접 경험한 적은 없지만 피부가 약한 사람은 염증을 일으키기도 한다.

1 다른 잡초 무리 속에 핀 애기땅빈대의 모습 2 땅을 기어가듯 뻗어 나간다. 잎 색은 빨강부터 초록까지 다양하다(사진_이와타니 미나에). 3 빛이 잘 드는 자갈 사이에서도 얼굴을 쑥 내민다. 4 애기땅빈대 꽃과 열매는 무척 수수해서 눈에 잘 띄지 않는다.
5 애기땅빈대의 잎맥은 마치 페르시아 문양 같다. 6 애기땅빈대의 하얀 즙. 피부에 닿아도 대체로 별 반응이 나타나지 않지만 피부가 약한 사람에게는 염증이 생기기도 한다.
7 애기땅빈대의 뿌리는 의외로 단단해서 윗부분만 잡아당겨서는 웬만해서 뽑히지 않는다. 8 큰땅빈대의 열매는 둥그스름한 계란형으로 위에서 보면 정삼각형 모양이다. 꽃피는 시기는 6~10월 무렵이다. 9 큰땅빈대는 키가 20~40센티미터로 애기땅빈대보다 크다. 10 큰땅빈대의 줄기에서 나온 즙. 애기땅빈대와 달리 줄기 표면에 털이 거의 없다.
11 큰땅빈대의 뿌리.

양치식물

자라는 장소에 따라 느낌이 다른데 일본식 정원에서도 제 나름의 운치를 더해 주고 서양식 정원이라면 앙리 루소Henri Rousseau의 그림을 떠오르게 한다. 양치식물은 그늘지고 습한 장소를 좋아한다. 하나둘 보일 때에는 이런 곳에 고사리가 있네, 하며 신기해하겠지만 그러는 사이 포자가 점점 늘어난다.

알아 두세요

손으로 뽑기는 어렵다. 윗부분만 뜯겨 나갈 뿐이다. 모종삽으로 하나씩 뿌리째 뽑고, 뿌리에 묻은 흙은 가능한 털어서 정원에 돌려놓는다 그렇지 않으면 여기저기 옴폭옴폭 구멍이 생기고 만다. 양동이에 물을 담아 뿌리를 씻으면 흙이 양동이에 가라앉으므로 나중에 그 물을 땅에 돌려주는 방법도 있다.

1 멋진 화분에 옮겨 심으면 근사한 관엽식물(잎사귀의 모양이나 빛깔의 아름다움을 보고 즐기기 위하여 재배하는 식물)이 된다. 2 대부분 그늘지고 습기 많은 곳에서 자라는 양치식물은 뿌리가 무척 질기므로 파내서 옮기는 수밖에 없다. 3 양치식물의 뿌리는 뿌리털이 빽빽이 자라 흙을 꽉 움켜쥐기 때문에 뽑기 어렵다. 4 땅 위를 떠돌던 거미가 양치식물 잎으로 놀러 나왔다.

이끼식물

이끼는 아주 오래 전에 지구에 출현한 식물 중 하나다. 즉, 초록별 지구를 만드는 데 누구보다 앞장선 개척자라 할 수 있다. 이끼에는 암이끼, 수이끼, 자웅동주가 있다. 이끼는 포자로 증식하는데 참마의 잎겨드랑이에서 나오는 주아珠芽, 줄기에 생기는, 자라면 새로운 개체가 되는 싹으로 구슬눈이라고도 한다 같은 무성아無性芽, 식물체의 일부가 본체에서 떨어져서 새로운 개체가 될 수 있는 세포나, 찢어진 잎을 재생하는 식의 클론clone, 단일 세포나 개체에서 체세포를 분화시켜 만들어 낸 유전적으로 동일한 세포군으로도 증식한다. 일반적으로는 습한 환경을 선호하지만 종에 따라서는 건조한 곳에서도 잘 지내는 이끼가 있다.

이끼를 싫어하는 사람이 많은데, 박새 등은 둥지를 만들 때 이끼를 많이 쓴다. 이끼가 살균작용을 하기 때문이다. 이끼볼코게다마도 인기가 많은데, 집에서 관리하고 유지하는 일이 만만치 않다. 그도 그럴 것이 이끼는 생육조건이 워낙 까다로워서 인간이 인공적으로 심은 이끼는 뿌리를 잘 내리지 못하기 때문이다. 자연발생적으로 자라난 것만이 번식해 살아남는다.

정원에 이끼가 생겼다면 그곳은 그 이끼가 살기에 적합한 곳이라는 뜻이다. 이끼정원으로 유명한 절도 있듯 경관과 조화를 잘 이루면 꽤나 운치 있는 풍경을 선사해 주는 녀석이다. 살릴 수 있다면 살려 보자. 단, 이끼가 자라는 곳은 미끄러지기 쉬우므로 자주 지나다녀야 하는 통행로라면 징검돌을 놓는 등의 대책이 필요하다.

1 정원에 심어 놓은 나무의 껍질에 붙어 뻗어 가는 깍지이끼 *Glyphomitrium humillimum* (Mitt.) Cardot(사야고케). 대기오염에 강하기 때문인지 도시에 많다. 2 잔디에 흔히 보이는 털깃털이끼. 양지, 통풍이 잘 되는 반양지 등을 선호한다. 박새가 둥지를 만들 때 재료로 쓴다. 3 늦은서리이끼는 돌 등에 흔히 자라며 건조한 환경에 강한 이끼류다. 4 지의류인 사슴지의 무리. 척박한 땅의 지표종이다. 지의류는 이끼가 아니라 균의 일종이다. 5 콘크리트에 자라난 담뱃잎이끼 *Hyophila propagulifera* Broth.(하마키고케)는 건조한 환경에 강하다. 지면의 만두 모양은 가는참외이끼와 은이끼의 모습이다. 6 박새는 이끼와 동물의 털 등으로 둥지를 만드는데 둥지의 두께가 8센티미터나 된다. 이끼는 살균작용을 한다고 알려져 있다. 7 박새의 둥지 안에 깔린 이끼. 인간에게는 천대받지만 새들에게는 쾌적한 보금자리를 만들어 주는 귀한 존재다.

알아 두세요

정원에 이끼가 자라는 게 정말 참을 수 없다면(잔디정원이라든지) 이끼를 싹 걷어 낸 뒤 지면을 뒤덮을 정도로 모래를 가득 뿌려 두면 좋다. 영구적인 처치는 아니므로 상황을 보면서 반복한다. 이끼에는 제초제가 잘 들지 않아서 제초제를 뿌린 직후의 땅에서도 자란다. 최근 주차장이나 밭에 이끼가 많은 것은 제초제 살포로 땅이 황폐해졌기 때문이 아닐까 싶다.

좀씀바귀 *

국화과 선씀바귀속
여러해살이풀
개화 시기 4~6월
키 8~15센티미터
양지
재래종

산과 들의 양지에서 자라는데 최근에는 주택 개발 등으로 황폐해진 빈터 등에서도 보이며, 정원에도 진출해 잔디 관리가 잘 안 된 곳에 자리잡기도 한다. 무리지어 자리를 잡은 곳에서는 다른 잡초가 자라지 않으며 꽃이 예쁘다. 땅에 닿은 줄기 마디에서도 뿌리가 뻗어 나가 땅을 묶듯이 뒤덮어서 일본에서는 지시바리'땅을 얽어매다'라는 의미다라고 부른다. 잎이 주걱 모양처럼 생긴 것은 벋음씀바귀다.

*별명은 '이와니가나'다. 일본어로 '이와'는 바위, '니가나'는 씀바귀를 뜻하며 바위에서도 자라는 씀바귀라는 의미다.

알아 두세요

좀씀바귀와 잎이 비슷한 관엽식물인 무엘렌베키아 악실라리스 *Muehlenbeckia axillaris*는 생명력이 강해서 요즘 인기가 많다. 잎 모양은 비슷하지만 뉴질랜드 원산인 트리안*Muehlenbeckia complexa* Meisn.은 전혀 다른 식물이다. 그러고 보니 좀씀바귀도 지피식물로 이용하면 좋을 것 같다. 지시바리라는 이름에서 보듯 뿌리째 뽑기가 쉽지 않다. 작은 낫을 사용해 뿌리 부근의 흙을 파내면서 뽑는다.

1 지면을 얽어매듯 자라서 '지시바리'라는 별명이 붙었다. 민들레와 비슷한 노란색 꽃을 피우는데 꽃잎이 작다. 양지나 탁 트인 공간, 잔디가 듬성듬성해진 곳 등에서 자란다.

주름조개풀

벼과 주름조개풀속
여러해살이풀
개화 시기 8~10월 무렵
키 10~30센티미터
탁 트인 반음지
재래종(외래종이라는 설도 있다)

잎이 주름져 있고 조릿대처럼 생겨서 이런 이름이 붙은 것 같다. 땅을 덮어 주지만 엄청난 기세로 조용히 뻗어 나가서 어느 순간 도저히 못 참고 뽑게 된다. 우리집 정원에서는 토끼풀이 점점 쇠락해 가더니 주름조개풀이 그 자리를 차지했다. 주름조개풀을 뽑는 일은 의외로 간단한데 잡아당기면 쑥쑥 뽑힌다. 애물결나비 애벌레는 참억새뿐 아니라 주름조개풀도 좋아하니 정원에 이 풀을 남겨 두면 나비의 방문을 즐길 수 있다.

1 초록색 잎이 주름져 있는데 조릿대 잎과 닮아서 주름조개풀이라는 이름이 붙었다.
2 무리지어 뻗어 나간 주름조개풀. 보기에 따라서는 꽤 운치가 있고 지피식물로도 좋다.
3 애물결나비 성충의 모습. 애벌레는 주름조개풀을 먹고 자란다. 4 빨간 줄기에서 위로 줄기가 뻗어 올라가거나 뿌리를 낸다. 잡아당기면 쑥쑥 뽑힌다.

토끼풀
클로버

콩과 토끼풀속
여러해살이풀
개화 시기 5~7월, 9~10월
키 15~30센티미터
양지
외래종 - 유럽 원산, 메이지시대
(1868~1912년, 19세기)

토끼풀은 원래 메이지시대에 목초로 쓰기 위해 유럽에서 들어온 풀인데 야생화野生化되었다는 설이 유력하다. 이제는 어디서나 흔히 볼 수 있다. 네덜란드에서 유리제품을 운반해 올 때 완충재로 쓰였던 풀이라는 설도 있는데, 그래서 쓰메쿠사일본어로 토끼풀은 '시로쓰메쿠사'로 틈새를 메우는 풀이라는 의미다라는 이름이 붙었다고도 한다.

토끼풀은 뿌리에 뿌리혹박테리아라는 미생물이 공생하고 있어서 공기 중의 질소를 흡수해 질소 비료를 만들어 낸다. 식물이 생장하기 위해서는 3대 영양소인 질소, 인산, 칼륨과 미량원소(아연, 망간, 칼슘 등)가 필요하다. 콩과 식물은 공기 중의 질소를 고정할 수 있어서 척박한 토지에서도 번식이 가능하다. 오래 전부터 밭에서는 이 성질을 이용해서 땅을 비옥하게 만들기 위해 일부러 토끼풀 씨를 뿌린 뒤 자라난 토끼풀을 비료로 이용하는 방법을 써 왔다(이를 녹비綠肥라 한다). 또한 양봉가에서는 토끼풀을 밀원蜜源으로 이용하기도 한다.

양배추 주위에 토끼풀을 심어 두면 노랑나비를 비롯해 여러 벌레가 토끼풀만 갉아 먹고 양배추는 건드리지 않는다. 이를 동반식물companion plant(279쪽 참조)이라고 한다. 동반식물하면 서양의 허브와 채소의 관계가 널리 알려져 있다. 허브도 본래는 잡초에 가까운 식물이다. 아마 일본의 잡초 중에도 허브처럼 동반식물 역할을 하는 식물이 많을 것이다. 이 부분은 앞으로 연구가 많이 이루어지길 바란다.

1 잎에 맺힌 물방울이 작은 수정 같다. 네잎클로버는 행운의 상징처럼 여겨진다.
2 길옆에 자연스레 생겨난 토끼풀은 정원의 분위기를 부드럽게 만들어 준다.
3 분홍색 꽃을 피우는 모모이로쓰메쿠사 *Trifolium repens* L. form. roseum Peterm.. 꽃 바로 밑에 잎이 없다는 점이 붉은토끼풀과 다르다. 4 꽃은 여러 곤충들의 밀원이 된다. 꽃으로 화관이나 팔찌를 만들며 놀기도 한다. 5 붉은토끼풀 잎은 토끼풀보다 뾰족하다.
6 붉은토끼풀은 꽃 바로 밑에 잎이 있다.

토끼풀의 잎 세 장은 희망, 신앙, 사랑을 뜻한다. 잎이 네 장이면 행운의 징표다. 사람들의 발걸음이 잦은 곳에서는 잎이 상처 나기 쉬워 네잎클로버가 나올 확률이 높다고 하니 거리나 집 가까이에 있는 토끼풀에서 네잎클로버를 많이 볼 수 있을 것이다. 붉은토끼풀이나 자운영과는 다른 종이다.

피막이

두릅나무과 피막이속
여러해살이풀
개화 시기 6~10월
키 약 10센티미터
다소 습한 곳
재래종(유라시아 원산의 외래종이라는
설도 있다)

씨앗과 러너, 두 가지 방식으로 증식한다. 잔디밭에 흔한데 자세히 관찰해 보면 땅이 살짝 패인 곳에 잘 생긴다. 피막이는 습지를 선호하는 성질이 있어서 움푹 팬 곳에 모래가 섞인 흙을 뿌려 평탄하게 만들어 주거나 자주 걸어 다니는 곳이라면 평평한 널빤지 등을 깔아 통로로 면 번져 나가는 것을 막을 수 있다. 1년 내내 자라므로 습한 토지의 녹화를 고려해 심어도 좋다.

1 잔디밭에 생겨나면 완벽하게 제거하기는 어렵다. 자세히 들여다보면 잎이 동글동글해서 의외로 꽤 귀엽다.

'No weed no ground'
풀이 없는 땅은 없다!

레게 가수 밥 말리의 노래 중에 'No woman no cry'가 있다. 이 노래를 듣다가 'No weed no ground'라는 말이 떠올랐다. '풀이 자라지 않는 땅은 없다'라고 풀이하면 되려나. 제초제를 뿌리지 않는 한 말이다.
"잡초가 없는 정원을 만들고 싶다"는 사람이 많은데 그러려면 흙을 가능한 없애는 방법밖에는 없다. 모래를 깔더라도 두께가 10센티미터 이상 되지 않으면 모래 틈새에서도 이런저런 풀이 자란다. 최근에는 간단한 바닥 포장 자재(물을 뿌리기만 해도 단단해지는 모래 등)도 나왔는데 이런 자재도 몇 년 지나면 위에 흙이 조금씩 쌓이면서 역시 풀이 자라난다. 그렇다면 "잡초를 없애자"는 생각을 버리고 잡초를 즐길 수 있는 아기자기하고 예쁜 정원을 만드는 편이 더 좋지 않을까.
우리집 정원에는 통로 부분에만 평평한 벽돌을 깔고 그 이외의 부분은 잡초가 자라게 두어 2주에 한 번, 제초기로 웃자란 풀만 잘라준다. 멀리서 보면 초록색 풀밭이 아름답고 싱그러워 보인다. 풀로 덮인 지붕과 집 근처 빈터는 겨울 동안에는 잡초가 없어서 스산한 풍경으로 바뀌고 만다. 제초기를 써야 할 때면 귀찮은 마음도 들지만 그래도 역시 풀이 자라는 봄이 기다려진다.

가는
잎

잔디정원을 관리하다 보면 잔디인지 아닌지 애매한, 베어 버리면 그다지 눈에 띄지 않는 잡초를 종종 볼 수 있다. 들잔디와 함께 깎아 다듬으면 멀리서 볼 때 거의 구분이 가지 않는 풀들이다. 잎이 가늘고 길어서 우린 '가는 잎' 풀이라고 부른다. 학술적인 명칭은 아니며 다른 사람이 어떻게 부르는지도 모르겠다.
어디까지나 잡초를 구분하는 우리 나름의 방식에 따라 정한 이름이다. 벼과를 비롯해 사초과, 마디풀과의 잡초가 포함된다.

강아지풀

벼과 강아지풀속
한해살이풀
개화 시기 8~10월
키 30~80센티미터
양지
재래종

강아지풀이라는 이름은 강아지 꼬리와 비슷한 데서, 별명인 네코자라시는 풀로 고양이에게 장난을 거는 모습에서 유래했다일본어로 '네코'는 고양이, '자라시'는 '재롱부리다'라는 뜻이다. 꽃이삭이 무척 예쁘다. 뿌리는 그리 깊지 않으며 작은 낫으로 뿌리 부근의 흙을 파내면 금방 뽑힌다. 요즘에는 비타민과 미네랄이 풍부한 잡곡을 쌀에 섞어 잡곡밥을 지어 먹는데, 잡곡의 하나인 좁쌀의 선조가 강아지풀 종류였다고 한다. 가을강아지풀, 금강아지풀, 수강아지풀 등 종류가 다양하다. 옛날 아이들은 강아지풀을 쓰윽 꺾어 벌레놀이를 하며 놀곤 했다. 강아지풀로 고양이와 놀기도 한다. 우리집에서는 소박한 꽃병에 꽂아 즐기는데, 모아서 꽂아 놓으면 집안에서도 야생의 풍취를 느낄 수 있다.

1 줄기가 빨갛게 변하는 강아지풀도 있다. 2 갓 나온 부드러운 잎. 3 꽃이삭은 고양이 꼬리처럼 보이기도 한다(사진_이케타케 노리오). 4 자세히 보면 작은 꽃이 피어 있다.

개여뀌 *

마디풀과 여뀌속
한해살이풀
개화 시기 6~10월
키 20~50센티미터
양지 또는 반음지
재래종

자라는 대로 내버려 두면 무릎 높이 정도까지 키가 자란다. 줄기 끝에 꽃을 피우는데 깎아 다듬으면 10~15센티미터 정도의 키에서도 꽃을 피운다. 정원 한 구석, 특히 돌 옆이나 구조물 모퉁이 등에 남겨 두면 아기자기한 풍경을 선사한다. 가을에는 잎이 붉게 물들기도 한다. 한두 송이 꺾어 꽃병에 꽂아 두곤 하는데 꽃이 쉬이 시들지 않고 오래간다. 땅을 정화하는 작용을 한다고 알려져 있다. '팥밥'이라는 별명은 아이들이 소꿉놀이를 하면서 팥색 꽃으로 팥밥을 짓는 놀이를 하는 데서 유래했다.

*팥밥 등 지역에 따라 부르는 이름이 다양하다.

알아 두세요

한해살이풀이어서 뿌리가 남아 있어도 다시 싹이 나는 일은 없지만 씨앗이 떨어지기 때문에 대체로 같은 장소에서 다시 발아한다. 씨앗이 흩어져 떨어지기 전에 매해 끈기 있게 밑동을 잘라 주면 다시 나지 않는다.

1 무리지어 자란 개여뀌. 2 생육 초기의 개여뀌. 이미 벌레가 잎을 갉아먹었다.
3 아이들이 소꿉놀이할 때 팥색 꽃으로 팥밥을 지으며 놀아서 '팥밥'이란 별명이 붙었다.
4 뿌리가 비교적 잘 뽑히지만 토질에 따라서는 단단한 뿌리도 있다.
5 단풍 든 개여뀌 잎.

금방동사니

사초과 방동사니속
한해살이풀
개화 시기 7~10월
키 30~50센티미터
조금 습한 곳을 좋아하지만
어디서든 잘 적응함
재래종

삼각형 모양의 줄기는 곧게 뻗어서 잘 구부러지지 않는다. 물을 빨아들이기 어렵다는 약점을 지니고 있어서 가능한 한 습한 곳을 골라 자란다. 어린 풀잎은 손으로도 뽑을 수 있으므로 일찍 발견해서 뽑는 게 상책이다. 크게 자라면 뽑기가 어렵다. 꽃이삭이 생기기 전에 밑동을 잘라 내는 게 좋다. 우리집 수경화분 근처에서 초록색 방울이 달린 귀여운 파대가리가 자라났다. 금방동사니와 같은 과 식물이다. 뽑으려고 만졌더니 치자나무와 비슷한 아주 달콤하고 향기로운 꽃향기가 났다. 풀 뽑기를 할 때 달콤한 향기가 훅 끼친다면 아마 사초과 식물인 파대가리가 섞여 있어서 그럴 것이다.

1 수중다리밤나방 애벌레는 개여뀌를 좋아한다. 금방동사니를 먹는지는 불분명하다.
2 파대가리는 달콤한 향이 난다. 3 위에서 내려다보면 불꽃놀이가 벌어진 것 같다.
4 자랄수록 포기가 굵어지면서 잘 뽑히지 않는다. 5 뿌리가 깊이 뻗지는 않으므로 어릴 때 발견하면 손으로도 쉽게 뽑을 수 있다.

뚝새풀

벼과 뚝새풀속
한해살이풀 또는 두해살이풀
개화 시기 4~6월
키 20~40센티미터
장소를 가리지 않음
재래종

3~5월에 줄기 끝에 원기둥 모양의 가늘고 긴 연둣빛 이삭이 나온다. 큰 포기에는 씨앗 약 4만 개가 붙어 있다. 보리밭에서는 해로운 풀이라 여겨 제초제를 뿌리는데 최근에는 약제저항성도 나타난다고 한다. 뚝새풀이 잔디정원을 장악할 때도 있다. 어떤 곳에서나 잘 자라기 때문이기도 하지만 그곳이 더 이상 잔디에 적합한 환경이 아니라고 알려 주는 것이기도 하다('잔디정원 관리방법' 77쪽 참조). 최근 뚝새풀이 전보다 눈에 띄게 확 줄어든 느낌이다. 내가 관리하는 정원에서는 거의 보이지 않는다. 뚝새풀이 멸종위기종이 되어 더 이상 그 개성적인 모습을 볼 수 없는 것은 아닐까 걱정도 되고 슬프기도 하다.

닮아 가는 잡초

잔디정원에서 제초 작업을 하다 보면 가끔 잔디인지 아닌지 구분하기 어려운 잡초를 만난다. 벼과 잡초가 그렇다. 소엽은 쐐기풀이랑 똑 닮았다. 무심코 잎을 한 장 뜯어 냄새를 맡아 본다. 물론 쐐기풀은 소엽과 같은 향이 안 난다. 곤충 중에는 반딧불이와 닮은 곤충이 많다고 한다. 반딧불이는 예부터 인간이 소중히 여겨서 반딧불이와 닮았다는 이유만으로도 살아남을 확률이 높기 때문이라는 이야기를 들은 적이 있다. 그렇다면 잡초도 인간의 사랑을 많이 받는 식물과 닮아 가는 전략을 택해 지금까지 살아남은 게 아닐까.

1 이삭이 나온 뚝새풀. 최근에는 뚝새풀을 찾아보기 힘들다(사진_이와타니 미나에).
2 이삭을 확대한 모습(사진_이와타니 미나에).

바랭이·왕바랭이

벼과 바랭이속·벼과 왕바랭이속
한해살이풀
개화 시기 바랭이는 7~11월,
왕바랭이는 8~10월
키 10~50센티미터 (1미터 가까이
크기도 함)
장소를 가리지 않음
재래종

바랭이는 딱히 장소를 가리지 않고 아무 데서나 잘 자란다. 4월 무렵 모습을 드러내는데 11월 무렵까지 볼 수 있다. 그냥 두면 키가 1미터까지 자란다고도 하는데, 아직 그 정도로 키 큰 바랭이는 본 적이 없다. 정원에서 자라는 바랭이는 기껏해야 무릎 높이 정도다. 사람 손이 닿지 않는 빈터 등에서는 1미터 가까이 클지도 모르겠다. 고객 중에 잔디정원 유지 관리를 중심으로 의뢰를 한 분이 있다. 맨 처음에는 5월 중순부터 10월 중순까지 2주에 한 번씩 가서 풀을 뽑고 잔디를 깎았는데, 점점 3주에 한 번이 되다가 10년이 넘은 지금은 6~9월 사이 한 달에 한 번 꼴로 가게 되었다. 잡초가 점점 자라지 않게 된 것이다. 그 와중에도 바랭이와 왕바랭이만큼은 잔디와 똑 닮은 얼굴을 하고는 늘 버젓이 자리를 잡는다. 잔디랑 닮아서 몰라보겠지, 하고 시치미를 뚝 뗀 채 말이다.

알아 두세요

뽑기는 어렵지 않다. 땅 표면의 뿌리를 꽉 잡고 위로 쑥 잡아 올리면 된다. 하지만 이때 잡초와 함께 흙까지 한 움큼 빠지는 게 아깝다. 흙이 만들어지기까지는 오랜 세월이 필요한데 말이다('흙과 잡초의 관계' 286쪽 참조). 초봄보다는 가을에 뒤늦게 나온

1 군락을 이룬 바랭이. 자라는 곳에 따라 키는 들쑥날쑥한데 적응력이 뛰어나다.
2 바랭이 이삭. 왕바랭이에 비해 전체적으로 가늘고 섬세하다. **3** 바랭이 뿌리.
왕바랭이보다 쉽게 뽑히지만 흙이 단단하면 뽑기 어렵다. **4** 겨울이 되어 말라 버린
상태의 바랭이 **5** 자갈길에 얼굴을 내민 왕바랭이. 뿌리를 단단히 뻗은 듯하다.
6 왕바랭이 이삭은 바랭이보다 단단한 느낌이다. **7** 왕바랭이 뿌리는 바랭이보다 단단히
뭉쳐 있어 뽑기 어렵다. **8** 왕바랭이 밑동.

바랭이일수록 단기간에 씨앗을 만든다. 꽃이삭이 나오기 전에 꼼꼼히 베어 내면 점점 없어진다. 생장하는 동안은 열흘에 한 번 정도 풀 뽑기를 하는 게 좋다. 그렇지 않으면 베어 낸 곳에서 다시 자라나 열흘 정도 지나면 다시 무성해진다. 왕바랭이도 바랭이처럼 어디서나 잘 자라지만 잘 뽑히지 않는다.

벼과 잡초

벼처럼 잎이 가늘고 긴 잡초다. 잔디에 섞여 자라기도 하며 키가 작은 풀부터 큰 풀까지 다양하다. 작은 벼과 식물은 뿌리가 흙을 비옥하게 해 주는 일도 거의 없어 그다지 도움이 되지 않는다고 여겨지는데, 사실은 근류선충을 막아 주는 역할을 한다. 식물 뿌리에 기생하는 근류선충의 분비물은 식물 뿌리 부분의 세포를 부풀게 하고 약하게 만든다. 또한 이끼식물이나 양치식물 다음으로 생겨나는 2번 타자이기도 한데, 곳에 따라서는 이끼식물과 양치식물이 자라지 않고 느닷없이 가장 먼저 나타나는 곳도 있다. 척박한 땅에 먼저 찾아와 땅을 일구어 주는 잡초다.

하지만 조지프 코캐너Joseph A. Cocanneour의 《잡초의 재발견》을 보면 장미 주변에는 벼과 식물을 융단처럼 밀생시키지 말라고 쓰여 있다. 잡초에 관한 책은 종류도 다양하고 이런저런 조언들이 적혀 있지만 요약하자면 결국 모두 균형의 문제를 다루고 있다.

벼과 잡초는 종류에 따라서는 포기가 커지면 뽑으려 해도 잘 뽑히지 않고 삽 같은 도구를 사용해도 뽑기가 만만치 않다. 하지만 땅속줄기로 뻗어 나가지는 않으므로 보이지 않는 적과 싸움을 하는 듯한 막막하고 허탈한 느낌은 주지 않는다.

잔디정원에서는 눈에 띄게 웃자란 벼과 잡초가 아니라면 그리 신경 쓰지 말고 잔디와 같은 키로 잘라 다듬어 주면 간단하다. 팜파스그래스, 풍지초 등과 같은 벼과 잡초는 화훼전문점에서도 판매한다. 대형마트 등에서 '고양이용 풀'이라는 걸 팔기도 하는데 우리집 고양이는 정원 한 구석에서 자라는 벼과 잡초를 먹고 가끔씩 보푸라기 같은 것을 뱉어 내기도 해서 눈에 띄지 않는 곳의 잡초는 고양이용으로 자르지 않고 적절히 남겨 두곤 한다.

1 풍지초는 일본산 원예종으로 바람에 나부끼는 잎이 우아하다. 키는 최대 70센티미터 정도다. 2 팜파스그래스 왼쪽에 서 있는 저자의 키가 172센티미터다. 얼마나 키가 큰 식물인지 짐작할 수 있다.

잔디정원 관리 방법

우리는 개인 정원 전문 정원사라 잔디정원 관리를 의뢰받는 일이 많다. 벼과 잡초에 대처하려면 잔디의 특성을 잘 알아야 한다. 잔디는 매일 물을 주면 뿌리를 뻗지 않는다. 반면 너무 건조해도 뿌리에 무리가 간다. 일본에서는 잔디정원에 이끼가 생기기 쉬운데 그럴 때는 이끼를 갈퀴로 잘 긁어 낸 뒤(금속으로 된 쇠갈퀴를 사용하면 편리하다) 모래를 뿌리면 이끼가 잘 생기지 않는다. 물론 보이는 대로 일일이 뽑지 않으면 잔디가 잡초의 기세에 눌리고 만다. 결국에는 잡초에게 자리를 내주고 잔디는 흔적도 없이 자취를 감추기도 한다.

일본에서는 골프장 잔디밭의 이미지가 강해서인지 잔디를 짧게 깎는 경향이 있는데, 정원에서는 가능한 길게 기를 것을 추천한다. 잔디를 키 5센티미터 정도로 기르면 땅에 빛이 닿지 않아 잡초의 발아와 생육을 억제할 수 있다('높이 5센티미터의 미학' 249쪽 참조).

잔디는 관리하기가 무척 힘든데 결코 약하지는 않다. 흙을 꽤 깊이 파내 뽑아도 돌 밑이나 길가 포장도로 옆에서 다시 생겨난다. 이전에 심었던 잔디를 전부 걷어 내고 정원을 다시 만든 집이 있었는데 여기저기서 다시 잔디가 생겨났다. 어떻게 보면 잔디도 잡초가 된 셈이다.

그런데 꼭 잔디가 있었으면 하는 곳에서는 자라지 않는다. 사람이 다니는 곳은 잔디가 점점 듬성듬성해지다가 더 이상 자라지 않게 되며 화분을 놓은 곳도 열기가 차서 말라 죽고 만다. 사람이 다녀서 잔디가 사라진 곳에는 잔디와 경합을 벌이는 벼과 잡초를 비롯해 좀씀바귀, 피막이가 자라나기 쉽다. 통행이 빈번한 곳은 흙이 다져지면서 단단해지는데, 그러면 약한 잔디 뿌리가 살아가기에

1 잔디 속에 뒤섞여 자라는 벼과 식물. 2 쇠갈퀴로 흙 표면을 긁어 내 이끼를 제거한다.
3 잔디에 생긴 이끼의 일종.

적합하지 않은 환경으로 바뀌기 때문에 주변의 잔디가 뻗어 오기 전에 생육이 빠른 다른 잡초가 먼저 왕성하게 생겨난다.

어떻게 해서든 잡초를 없애고 싶다면 우선 흙을 부드럽게 만들어 공기를 공급해 주는 에어레이션aeration, 즉 땅 여기저기에 구멍을 내는 작업을 하거나, 잔디가 드문드문해진 곳에 흙과 모래를 보급해 주거나, 잔디를 구입해 보충해 주면 좋다. 이미 통행로가 되었다면 통로를 정확히 구분해 주는 것도 방법이다.

축구장이나 골프장 잔디 관리 전문가를 '그라운드키퍼'라고 부르는데 그라운드키퍼들은 "잔디는 손길을 준만큼 좋아진다. 잔디가 상했거나 잡초가 생겼다면 즉시 대처하는 게 중요하다"고 말한다. 바꿔 말하면 적절한 손길이 가해지지 않으면 잔디는 잘 자라지 않는다는 뜻이기도 하다.

실제로 잔디 뿌리가 잘 뻗어 나가게 하려고 땅에 에어레이션을 하기도 하고 통행이 많아 울퉁불퉁한 곳에는 모래나 흙을 뿌리기도 한다. 겨울에는 잔디 태우기를 해서 잡초의 발아를 억제하고, 태우고 난 재를 비료로 활용하기도 한다. 여름에 혹시 가뭄이 이어진다면 바지런히 물을 주어야 한다. 아름다운 정원을 유지하기 위해서는 상당한 노력과 물이 필요하다.

가끔 "오가닉 잔디는 어디서 얻을 수 있나요?"라는 질문을 받는다. 잔디 전문 생산업자는 있지만 '오가닉'이라는 이름을 붙인 잔디는 본 적이 없다. 어떻게 해서든 오가닉 잔디정원으로 만들고 싶다면 '잔디'에 집착하지 말고 '잡초를 짧게 잘라서 다듬자'는 쪽으로 발상의 전환을 해 보자. '초록 융단'을 꿈꾸는 분에게는 이 방법을 적극 추천한다. 짧게 잘라 다듬은 잡초를 멀리서 보면 잔디정원과 아주 흡사하니까 말이다.

서구에서는 최근 관리가 힘들고 물 소비도 만만치 않은 잔디

1 잔디 관리를 게을리하면 이런저런 풀들이 자라나 잔디는 금방 쇠락한다. 2 오래 짓밟히다 보면 잔디는 사라지고 흙이 드러난다. 3 자주 다니는 길에는 징검돌을 놓아 통로로 만든다. 4 잔디 뿌리를 자르고 흙속에 공기를 공급하는 에어레이션. 5 에어레이션 도구(롱 스파이크). 6 관리는 어렵지만 정성껏 가꾼 잔디정원은 아름다운 '초록 융단'을 선사해 준다. 7 들잔디에서 잡초로 탈바꿈한 작업 창고 지붕. 가끔씩 풀을 다듬어 미관을 유지한다.

대신 재래종 잡초로 초록 융단을 만드는 집이 늘었다고 한다(《도쿄신문》 2009년 6월 25일자). 우리도 비슷한 시도를 한 적이 있다. 잡초가 자라기까지 그 틈을 메워 주는 식물로 들잔디 등을 심어 흙이 무너지거나 흙먼지가 이는 걸 방지하고 잡초와 차츰 자리바꿈하도록 두어 풀밭처럼 만드는 식이다. 우리집 작업 창고의 지붕도 이런 방법을 써서 최종적으로는 잡초로 이루어진 지붕으로 만들었다. 잡초는 자신이 살기에 딱 알맞은 환경을 골라 자라나므로 지붕이라는 척박한 곳에서도 잘 자라며 물도 거의 줄 필요가 없어서 관리가 편하다.

벼과 식물을 먹는 벌레로는 산팔랑나비 애벌레가 있다.

새포아풀

벼과 포아풀속
한해살이풀 또는 두해살이풀
개화 시기 3~11월
키 10센티미터
장소를 가리지 않음
재래종

잔디 같기도 하고 키 작은 벼 같기도 한 풀이 있다면 아마도 새포아풀일 것이다. 적응 범위가 넓어 어디서나 잘 자란다. 아스팔트의 작은 틈에서도 자라난다. 짓밟혀도 전혀 기죽지 않는다. 그러기는커녕 밟히는 데는 이력이 났다는 듯 더 기세등등하게 뻗어 나간다. 운동장, 논두렁, 밭두렁에도 당당히 자리잡고 있다. 무척 오랫동안 꽃을 피운다.

싹이 나면 잎 상태로 겨울을 나고 봄부터 초여름에 꽃을 피운다. 잔디와 무척 닮았지만 갈수록 모습이 도드라지면서 잔디정원을 볼품없게 만든다. 보리와 함께 전 세계로 퍼져 나갔다는 설이 있다. 새포아풀의 일본어 이름인 '스즈메노카타비라'에서 '스즈메'는 참새를 뜻하며, 작은 것을 표현할 때 주로 쓰인다. '가타비라'는 안감이 없는 기모노 홑옷을 뜻한다. 이 이름을 처음 붙인 사람은 검소한 기모노를 떠올렸을까? 꽃을 자세히 들여다보면 기모노 옷깃을 살포시 여민 듯 보이는데 그래서 이런 이름이 붙은 것 같다.

알아 두세요

가을에 싹이 나는데, 씨앗이 생기기 전에 풀 뽑기를 하는 등 바로 손을 쓰는 게 좋다. 꽃이 피는 시기가 길므로 새포아풀이 자라는 게 싫다면 풀 뽑기 작업을 자주 하는 수밖에 없다.

1 곳에 따라서는 키가 쑥 크기도 한다. 손으로도 뽑을 수 있는데, 뿌리에 붙은 흙까지 뽑혀서 땅에 구멍이 생긴다. **2** 기모노 옷깃을 여민 것처럼 보여서 '가타비라'라는 이름이 붙었다고 한다. **3** 덩그러니 혼자 자라는 때도 있으며, 작은 키에 꽃을 피우는 새포아풀도 많다(사진_와타나베 아키히코). **4** 막 얼굴을 내밀어 아직 꽃을 피우지 않은 새포아풀. **5** 흙이 없을 것 같은 보도블록 틈에서 얼굴을 내밀었다.

수크령

벼과 수크령속
여러해살이풀
개화 시기 8~11월
키 50~80센티미터
양지, 음지라도 바람이 잘 통하는 곳
재래종

10~15센티미터 정도의 긴 이삭을 높이 뻗어 씨를 맺는다. 씨는 스웨터 등에 붙어 이동하기도 한다.
어릴 적 이삭을 훑어 밤송이 모양으로 만들어 놀곤 했다. 수크령도 질경이처럼 단단한 땅에서 자란다. 그 말인즉슨 사람들의 통행이 잦은 곳에서도 잘 자란다는 뜻이다. 그래서 미치시바 '미치'는 길, '시바'는 잔디를 의미한다라는 별명이 붙은 것일까. 그리하여 땅을 더 단단히 일구어 준다. 수크령의 일본어 이름은 지카라시바힘 센 잔디라는 의미다인데 이름처럼 힘이 세서 웬만해서는 뽑히지 않는다.

1 식물 전체의 모습. 이름에 지카라(ヵ, 힘)가 들어 있는 것에서도 알 수 있듯 뽑기가 힘들다. 도시에서는 좀체 수크령의 모습을 찾아볼 수 없다. 2 수크령 씨앗. 3 물컵용 세척솔처럼 생긴 이삭 모양이 인상적이다. 강인한 떠돌이 무사 같은 풀이다. 4 이삭을 훑어 밤송이 모양으로 만들어 놀곤 했다. 하지만 이제는 밖에서 노는 아이들의 모습을 좀처럼 볼 수가 없다. 5 씨앗은 잘 달라붙는다. 옷이나 동물의 몸 등에 붙어 먼 길을 떠난다.

염주

벼과 염주속
한해살이풀 또는 여러해살이풀
개화 시기 8~11월
키 1~2미터
따뜻한 강가와 습지
재래종 - 선사시대 귀화식물

벼과라고는 하지만 잎이 매우 뻣뻣하다. 비옥하고 습기가 있는 곳에서 자란다. 흰색, 회색, 회갈색, 검은색 등의 단단한 열매가 달린다. 염주라는 이름 그대로 열매를 실로 꿰어 연결하면 염주나 목걸이가 된다. 말린 조롱박에 열매를 휘감아 리듬악기로 만들기도 한다. 다실 꽃꽂이용으로 쓰려고 정원에 심기도 하는데, 최근에는 정원에서도 숲에서도 잘 볼 수가 없다. 큰먹나비 애벌레가 염주를 좋아한다.

닮은꼴 식물

잡초에 관심이 없었을 때 나도생강 Pollia japonica Thunb.을 염주로 착각한 적이 있다. 나도생강은 닭의장풀과 나도생강속의 여러해살이풀이다. 나도생강의 일본어명인 야부묘가藪茗荷는 "대숲에 나는 양하 잎과 비슷한 풀"이라는 뜻이다. 하지만 양하와는 달리 먹을 수는 없다. 잎만 보고는 흰꽃나도사프란 Zephyranthes candida (Lindl.) Herb.을 금방동사니로 잘못 알고 뽑아 버린 적도 있다. 나중에 꽃을 보고 후회했다. 그 뒤로는 '닮은꼴 식물'에 주의를 기울여 반드시 잘 알아보고 나서 관리하려고 조심한다.

1 염주 열매는 흰색부터 검은색까지 다채로운 색 변화를 보여 준다. 2 흰꽃나도사프란
3 나도생강

참억새 *

벼과 억새속
여러해살이풀
개화 시기 8~10월
키 50~200센티미터
건조한 곳
재래종

건조하기만 하면 장소를 그리 가리지 않는다. 산성부터 알칼리성까지 적응 범위가 매우 넓다. 여름 끝 무렵 이삭이 나온다. 달밤에 바라보면 꽤 운치 있어서 화훼전문점에서 구입해 심었는데 그 뒤 군락을 이루기도 하고 다른 곳으로 번져 나가기도 했다. 추석 달맞이 무렵에는 화훼전문점에서 꽤 저렴한 가격에 판매하기도 한다. 한 포기 정도 심어 놓으면 정원이 꽤 운치 있겠지만 한 포기가 해마다 늘어나 주변을 장악해 가기 때문에 주의가 필요하다. 강가 주변에서 은빛 물결 일렁이며 서 있는 이삭이 붙은 식물은 참억새와 비슷하게 생겼지만 물억새*Miscanthus sacchariflorus* (Maxim.) Benth.다. 갈대*Phragmites communis* Trin.와 물억새는 습한 곳에서 자란다. 참억새의 꽃이삭은 붉은 빛을 띤다. 그 밖에 길가나 중앙분리대에서 흔히 볼 수 있는 식물은 '띠*Imperata cylindrica* var. koenigii (Retz.) Pilg.'다. 띠는 땅속줄기에 영양분을 많이 저장해 놓아서 열심히 베어 내도 금세 또 자라나므로 뿌리째 뽑아야 한다. 애물결나비와 큰먹나비 애벌레 등이 참억새를 좋아한다.

*별명인 '오바나'는 말 등의 꼬리를 닮은 꽃이 핀다는 뜻이며, 다른 별명인 '가야茅'는 옛날 지붕을 잇던 띠나 억새 등을 통칭하는 말이다.

1 바람에 물결치는 참억새. 2 참억새의 씨앗. 바람 좋은 화창한 날이면 멀리까지 날아간다. 3 가만히 두면 점점 번져 가기 때문에 늘어나는 게 싫다면 일찍 솎아 주는 게 좋다. 4 삽으로 파낸 포기. 파내는 일은 힘과 끈기가 필요하다. 5 띠는 중앙분리대 같은 해가 잘 드는 곳이면 어디서든 흔히 볼 수 있다. 6 정원 테라스를 따라 자라난 참억새를 뽑아냈다. 7 보이는 즉시 뿌리 근처에 삽을 찔러 넣어 파낸다.

알아 두세요

번져 나가는 게 싫다면 싹이 나왔을 때 바로 뽑는다. 땅속 포기에 저장된 양분은 비교적 적기 때문에 자주 풀을 뽑아 주다 보면 쇠락할 가능성이 높다. 삽을 쓰더라도 커다란 포기를 포기째 뽑는 일은 꽤 힘이 든다. 파내도 파내도 다시 나오므로 파낸 뒤에는 남아 있는 게 없는지 꼼꼼히 살펴야 한다. 우리는 포기가 커지지 않게 화분에 심어 관리하고 있다.

둥근
잎 (눈에 띄는 잎)

벼과 잡초는 잔디정원에서는 눈에 잘 띄지 않아서 키를 맞추어 다듬어 주기만 하면 신경 쓰지 않아도 되지만 개중에는 제초기로 다듬어도 눈에 확 띄는 잎들이 있다. 우린 이런 잡초를 '둥근 잎'이라고 부르는데 보는 족족 뿌리째 뽑으려 한다. 잎이 크기 때문에 그냥 내버려 두면 잔디의 광합성을 방해하기 때문이다. 둥근 잎이라는 호칭은 식물학적 분류 방법이 아니라 잎의 모습을 보고 우리가 붙인 이름이다. 땅 가까이에서 크고 둥근 잎이 나오는 잡초들이다. 잎이 둥글지 않더라도 잔디 속에서 자라났을 때 단번에 눈에 띄는 잡초도 포함한다. 잎이 크더라도 줄기 가운데서 잎이 나오는 잡초는 땅에 바싹 붙여 줄기를 베어 내면 잎이 없어지기 때문에 '그 밖의 잡초'로 분류했다. 물론 잔디정원이 아니라면 둥근 잎 중에서도 예쁜 잎을 내놓기나 귀여운 꽃을 피우는 잡초가 있으니 취향에 맞게 남겨 두어도 좋다.

개쑥갓

국화과 금방망이속
한해살이풀 또는
가을 발아 한해살이풀(두해살이풀)
개화 시기 대체로 1년 내내
키 20~50센티미터
조금 습한 곳
외래종 - 유럽 원산(아프리카 원산이라는 설도 있다), 제2차 세계대전 후 유입

원산지는 유럽으로 겨울만 빼고 늘 발아하는데, 먹을 수 있다는 설도 있고 인산계 독을 품고 있어 복통, 설사, 구토를 일으킨다는 설도 있다. 이런 식물은 아무래도 먹지 않는 편이 좋다. 집 근처 텃밭이나 퇴비통 옆에서 흔히 볼 수 있다. 너무 황폐한 땅에서는 자라지 않는 것 같다. 개쑥갓이 자라고 있다면 비옥한 땅이라고 봐도 된다. 벌레들은 개쑥갓을 별로 좋아하지 않는 듯하다. 하지만 늘 꽃을 피우고 있어서 꽃등에과 곤충들이 꿀을 찾으러 오곤 한다.

1 1월이 되어 주변의 식물은 다 말라 가는데 개쑥갓은 생기가 가득하다. 한 해 내내 꽃을 피우기도 한다(사진_이케타케 노리오). 2 꽃과 씨앗이 엉켜 있는 모습이 마치 누더기를 걸친 모습을 떠오르게 해서일까(개쑥갓의 일본 이름은 노보로기쿠野襤褸菊로, '보로'는 누더기·넝마를, '기쿠'는 국화를 의미한다)(사진_이케타케 노리오). 3 전체적인 분위기는 쑥갓이랑 닮았다. 잎은 짙은 초록색으로 윤이 나며 부드럽다(사진_이와타니 미나에).

개엉겅퀴 *

국화과 엉겅퀴속
여러해살이풀
개화 시기 5~8월
키 50~100센티미터
반음지 또는 양지
재래종

고귀하고 우아한 기품의 보랏빛 꽃에 무심코 손을 뻗게 되지만 조심해야 한다. 초록색 잎에는 날카로운 가시가 있어서 만지는 순간 온몸이 찌릿, 비명을 지를 테니까. 반음지에서도 꽃을 피우지만 탁 트이고 통풍이 잘 되는 장소가 아니면 잘 자라지 않는다. 농약을 뿌리는 곳에서는 자라지 않기 때문에 주택가나 공원 등에서는 잘 볼 수 없다. 그래서인지 개엉겅퀴를 발견하면 보물이라도 찾은 듯이 기쁘다. 가시를 만지고 놀란 뒤로는 그저 잠시 넋 놓고 바라만 보다가 발길을 돌린다. 나비의 방문이 끊이질 않는다. 특히 부전나비과가 개엉겅퀴를 좋아한다.

*도이쓰아자미라고도 하는데, 이는 개엉겅퀴를 개량한 원예종을 가리킨다. 일본어로 '도이쓰'는 독일, '아자미'는 엉겅퀴를 뜻한다. 이름 속에 독일이 들어 있는 것은 외래종이라는 사실을 나타내기 위한 것일 뿐 독일과는 아무런 관계가 없다.

1 엉겅퀴과의 꽃을 빨아먹는 줄점팔랑나비의 성충. 2 빛이 잘 들지 않더라도 탁 트인 공간에서는 한데 모여 자란다. 3 선사시대 이전 귀화식물인 지칭개의 꽃. 잎에 가시가 전혀 없는 것이 특징이다. 4 개엉겅퀴 잎에는 가시가 있어서 만지면 아프다. 가시는 초식동물로부터 몸을 보호하기 위한 방책이라고 한다.

꽃마리

지치과 꽃마리속
가을 발아 한해살이풀(두해살이풀)
개화 시기 3~11월
키 10~30센티미터
통풍이 잘 되는 곳, 반음지,
양지, 조금 습한 곳
재래종

식물도감이나 관련 서적을 아무리 찾아봐도 꽃마리에 관한 설명은 밋밋하기 짝이 없다. 이처럼 재미있는 유래나 그럴싸한 에피소드가 적은 풀도 흔치 않다. 눈에 확 띄게 무리지어 핀다거나, 키가 쑥 높이 자란다거나, 뽑기 어렵다거나 하는 일반적인 말조차도 없다. 꽃이 아주 작고 귀여워서 그런지도 모르겠다. 꽃마리의 일본어 이름은 '규리구사'胡瓜草, 오이풀인데 이름 그대로 잎을 찢어 비비면 오이향이 난다. 그래서 겨우 이름을 기억하게 되었는데 '나를 잊지 말아요'라는 꽃말을 지닌 물망초와 꽃 모양이 비슷하니 이에 어울리는 좀 더 멋진 이름이 붙었으면 좋았을 것 같다. 강렬한 개성을 지닌 다른 잡초와 비교하면 소설이나 에세이에 등장하는 일도 적은데, 나시키 가호의 소설 《서쪽 마녀가 죽었다》에 나오는 풀이 바로 꽃마리다.

1

1 꽃은 물망초와 비슷하다. 2 꽃마리와 닮은, 반음지 정원에 피는 꽃받이. 3 그냥 두어도 그리 보기 싫지 않아서 뽑지 않고 놔두게 된다. 4 로제트도 왠지 사랑스럽다.

냉이 *

십자화과 냉이속
가을 발아 한해살이풀(두해살이풀)
개화 시기 3~6월
키 10~30센티미터
비옥한 양지
재래종

일곱 가지 봄나물 하루노나나쿠사春七草, 일본에서는 매해 1월 7일에 일곱 가지 봄나물로 죽을 끓여 먹는 풍습이 있는데 미나리, 냉이, 떡쑥, 별꽃, 광대나물, 순무, 무가 들어간다 가운데 하나다. 하트 모양의 아기자기한 잎이 붙은 줄기를 따서 귓가에 대고 좌우로 흔들면 사삭사삭 소리가 난다. 어렸을 적에는 이런 놀이를 자주 했었는데 요즘에는 볼 수가 없다. 시장에서 일곱 가지 봄나물로 묶어 파는 상품 중에는 냉이 대신 황새냉이가 들어가 있는 경우도 있다. 냉이가 드물어져 그런 것일까. 냉이는 빛이 잘 드는 비옥한 땅을 좋아하지만 그늘이 조금 진 곳에서도 잘 자란다. 유기농가에서는 냉이가 많은 곳이 토질이 좋다고 입 모아 말한다. 마을을 벗어나면 잘 보이지 않는다.

*냉이꽃 밑에 붙은 열매 모양이 일본의 전통악기 샤미센을 켤 때 쓰는 술대와 닮아서 '샤미센구사'라는 별명이 붙었다. 샤미센을 켤 때 나는 '펭펭' 소리를 따서 '펭펭구사'라고도 한다.

알아 두세요

뿌리는 우엉뿌리 같아서 뽑기 힘들다. 낫을 사용해 뿌리 부근의 흙을 파낸 뒤 뽑으면 된다.

1 북미 원산의 외래종인 콩다닥냉이 *Lepidium virginicum* L.의 잎은 동그랗다. 냉이와 비슷하게 생겼지만 다닥냉이속으로 다른 속에 속한다. 2 무리지어 핀 냉이꽃. 빛이 잘 드는 비옥한 밭 등에 많이 자란다. 3 냉이는 독특한 잎을 지닌 풀로 인간과 오랜 세월을 함께한 친근한 잡초 가운데 하나다(사진_와타나베 아키히코).

떡쑥

국화과 왜떡쑥속
가을 발아 한해살이풀(두해살이풀)
개화 시기 4~6월
키 15~30센티미터
잔디밭을 좋아함
재래종

이 풀은 적응력이 뛰어나 이곳저곳 장소를 가리지 않고 잘 자란다. 잔디밭에도 무리지어 자라나는데 그럴 때는 뿌리째 뽑지 않으면 잔디가 점점 기운을 잃는다. 잔디밭이 아니라면 신경을 곤두세울 필요 없이 부드러운 솜털을 지닌 잎과 노랗고 귀여운 꽃을 즐기면 된다. 가끔 작은 꽃병에 한 송이 꽂아 두기도 한다.

풀솜나물 *Gnaphalium japonicum* Thunb.은 떡쑥과 분위기가 비슷하지만 억센 느낌이 든다. 가모케타 코아르크타타 *Gamochaeta coarctata*와 미국풀솜나물 *Gamochaeta pensylvanica* (Willd.) Cabrera도 분위기가 비슷하다. 우리집에도 퇴비통 옆에 가모케타 코아르크타타가 잔뜩 생겨났다. 유기질이 풍부한 땅을 좋아해서 그런가 보다. 떡쑥은 일곱 가지 봄나물 중 하나다. 지금이야 떡을 만드는 풀하면 쑥을 꼽지만 에도시대에 한반도에서 쑥이 들어오기 전까지는 떡쑥으로 떡을 만들었다고 한다.

1 한데 모여 핀 떡쑥을 보면 마음이 참 따스해진다. 2 온몸이 하얀 솜털로 싸여 있어 야생 은엽식물이라 불리기도 한다. 3 로제트로 겨울을 나면서 봄이 오기를 기다린다. 잔디밭 등에 자라난 떡쑥은 맨손으로 뽑기 힘들다. 4 풀솜나물 꽃. 갈색을 띠며 떡쑥에 비해 수수한 느낌이다. 5 잔디가 듬성듬성해진 곳에 이끼와 같이 자라난 재래종 풀솜나물.

1 풀솜나물은 잔디가 다져 놓은 단단한 흙 등에서 자라기 때문에 뽑기 힘들다.
2 풀솜나물의 로제트는 땅에 찰싹 달라붙어 있어서 파내도 남아 있곤 한다. 낫으로 뿌리 주변을 파내어 뽑는다. 3 가모케타 코아르크타타의 로제트 4 가모케타 코아르크타타는 남미 원산의 외래종이다. 이름처럼 잎 뒷면이 하얗다(일본 이름 우라지로치치코구사의 '우라지로'는 뒷면이 하얗다는 뜻이며, '치치코구사'는 풀솜나물을 의미한다). 5 퇴비통 옆에 생겨난 가모케타 코아르크타타. 비옥한 땅을 좋아한다. 6 북미 원산인 미국풀솜나물은 재래종보다 더 많아진 느낌이다. 7 가모케타 코아르크타타의 뿌리. 가늘지만 땅에 단단히 박혀 있다. 8 꽃이 진 가모케타 코아르크타타. 꽃은 눈에 잘 띄지 않는다.

봄망초

국화과 개망초속
여러해살이풀, 한해살이 또는 두해살이풀
개화 시기 3~7월
키 30~150센티미터
다양한 곳(토질을 가리지 않음)
외래종 - 북미 원산, 다이쇼시대
(1912~1926년, 20세기 초)

개망초

국화과 개망초속
가을 발아 한해살이풀 또는 두해살이풀
개화 시기 5~10월
키 30~150센티미터
다양한 곳(토질을 가리지 않음)
외래종 - 북미 원산, 에도시대 말기
(19세기 초)

1

봄망초는 봄부터 여름까지, 개망초는 봄부터 늦가을까지 꽃을 피운다. 봄망초와 개망초는 모습이 아주 흡사해서 5~7월 무렵에 핀 꽃을 보면 어떤 게 봄망초이고 어떤 게 개망초인지 구분이 안 가 한참을 헤매곤 한다. 봄망초는 여러해살이풀 또는 한해살이풀이나 두해살이풀로 분류되기도 한다. 개화 시기도 3~7월이라는 사람도 있고, 3~5월이라는 사람도 있으며, 6월까지 핀다는 사람도 있다. 개망초를 여러해살이풀이라고 기술한 문헌도 있다. 그만큼 개체별로 차이가 크다는 의미일 것이다. 만약 8월 이후에 피었다면 개망초라고 봐도 무방하다. 봄망초의 일본명은 하루지온春紫菀, '하루'는 봄, '지온'은 개미취를 의미한다, 개망초는 히메조온姬女菀, '히메'는 작다, '조온'은 중국산 들풀을 의미한다이다. 왜 하루지온은 지온인데 히메조온은 조온일까 궁금했었다. 한자를 보면 그 차이를 알 수 있는데 히메지온姬紫菀이 아니라 히메조온姬女菀이다. 도감을 찾을 때에는 이름에 주의해야 한다.

둘 다 외래종이지만 봄망초는 다이쇼시대20세기 초에 개망초는
에도시대 말기19세기 초에 들어왔다고 한다. 개망초가 훨씬 일찍
들어왔다. 잎이 붙은 모습으로 둘을 구분할 수 있다. 봄망초는
잎의 밑동이 줄기를 둘러싸듯이 붙어 있다. 로제트의 모습도
다르다. 봄망초는 자루가 없는 듯이 보이는데 개망초는 자루가
또렷이 보인다. 자루는 잎의 일부로 잎을 줄기나 가지와 이어 주는
가느다란 연결 부위를 말한다. 잎자루라고도 한다.

한편 성장한 봄망초는 밑동 부분에 로제트가 남아 있고 개망초는
로제트가 없다. 봄망초의 줄기 속은 비어 있는데 개망초는
꽉 차 있다. 꽃이 피는 방식도 봄망초는 꽃봉오리가 아래로
향하는 느낌인데 개망초는 위를 향한다. 가끔 예외도 있기는
하다. 봄망초는 꽃가루받이를 해서 씨앗을 만들지만 개망초는
꽃가루받이를 하지 않고 씨앗을 만든다. 개망초도 봄망초도
토양 환경 적응력이 매우 뛰어나기 때문에 토양의 종류를 거의
가리지 않는다. 척박한 토양, 산성 토양에서도 잘 자란다. 양지를
좋아하지만 음지에서도 자란다. 어디서든 잘 자라는 잡초임에
틀림없다.

제초제에 내성을 지니고 있다는데 어디서나 잘 자라는 특성과
관련이 있을지도 모르겠다. 즉, 제초제를 많이 뿌려서 어디서나
자랄 수 있는 강인함이 생겨났다고 볼 수 있으니 어쩌면 인간이
만들어 준 특성이라고 말할 수도 있겠다. 다른 식물의 생장을
억제하는 물질을 내놓기 때문에(타감작용, 282쪽 참조) 점점 늘어나는
듯도 싶다. 둘 다 '요주의 외래생물' 목록에 이름을 올린, 제거가
어려운 잡초다.

1 뿌리는 옆으로 뻗는다. 뽑으려면 손으로도 쉽게 뽑히지만 윗부분만 잘리는 일도 종종 있다. 2 개망초: 자라나면 로제트는 없어진다. 줄기는 자라면서 여러 갈래로 크게 나뉜다. 꽃봉오리는 위를 향한다. 꽃은 흰색이 많다. 3 봄망초: 자라도 로제트가 남아 있다. 줄기 끝 쪽에서 가지가 갈린다. 꽃봉오리는 아래를 향하는 편이다. 꽃은 흰색 또는 연분홍색을 띠는 게 많다.

	개망초	봄망초
개화 시기	5~10월 무렵까지	3~7월 무렵까지
꽃 색깔	흰꽃이 많다(예외도 있음).	연분홍꽃이 많다(예외도 있음).
꽃봉오리	위쪽을 향하는 것이 많다(예외도 있음).	아래를 향하는 것이 많다(예외도 있음).
로제트	자라면 로제트를 남기지 않는다. 로제트 잎자루를 또렷이 볼 수 있다.	자라도 로제트를 남긴다. 로제트 잎자루가 잘 보이지 않는다.
줄기	줄기가 꽉 차 있다(예외도 있음).	줄기가 비어 있다(예외도 있음).
잎의 모습	잎이 줄기를 감싸지 않는다.	잎이 줄기를 감싼다.

알아 두세요

흙의 상태에 따라 다르긴 하지만 줄기 밑쪽을 단단히 쥔 채 수직으로 잡아 빼면 비교적 잘 뽑힌다. 크게 자라 키가 커지면 뽑기 어렵다. 무리지어 자란 것도 뽑기 어렵다.

뽀리뱅이

국화과 뽀리뱅이속
두해살이풀
개화 시기 4~11월
키 10~100센티미터
다소 건조한 곳을 좋아하는 편이지만
적응 범위는 넓음
재래종

뽀리뱅이의 일본명은 '오니타비라코'인데 '타비라코'는 잎이 땅 위에 평평하게 방사형으로 펼쳐진 모습을 뜻한다. 이른바 로제트 식물땅에 달라붙듯이 잎이 나는데 잎 모양이 장미꽃 모양의 장식 로제트를 닮았다. 땅에 납작 붙어 있어 바람을 이겨 낼 수 있고 잎을 넓게 펼치고 있어 광합성에 유리하다에 속한다. 줄기는 위로 곧게 뻗으며, 도중에 잎은 나지 않는다. 줄기가 붉은색을 띠기도 한다. 척박한 땅에서는 크게 자라지 못하지만 비옥한 땅에서는 1미터 가까이 크기도 한다.

일곱 가지 봄나물 가운데 하나인 광대나물은 사실 개보리뺑이인데, 무슨 이유 때문인지 광대나물로 잘못 알려졌다. 정원이나 빈터에서는 개보리뺑이를 본 적이 없어서 알아보았더니 최근에는 논밭이 있는 전원지대에서만 보인다고 한다. 대신 뽀리뱅이가 압도적으로 늘었다. 정원 일을 하다 보면 빛이 잘 들지는 않지만 통풍은 잘 되는 북측 자갈을 깐 통로 등에서 흔히 볼 수 있다. 쉽게 뽑히는 풀이라 잡아당기면 싱겁게 뽑힌다. 도중에 줄기나 잎이 잘리면 하얀 즙이 나오는데 피부에 염증을 일으킨 적은 없다.

1 뽀리뱅이는 자갈이 깔린 곳에서도 무리지어 핀다. 자갈이 깔린 곳에서는 뽑기 쉽다.
2 줄기는 붉은색을 띠기도 한다. 노란색 꽃은 민들레 꽃잎을 축소한 듯한 모양으로 무척 앙증맞다. 3 뿌리가 이렇게 짧으니 쉽게 뽑힐 수밖에 없다.

서양금혼초

국화과 금혼초속
여러해살이풀
개화 시기 6~9월
키 50~80센티미터
토질을 가리지 않음
외래종 - 유럽 원산, 쇼와시대 초기
(1930년대)

주택가나 손질이 안 된 정원 등에 핀다. 특히 정원 북측, 빈틈없이 자갈을 깔아 놓은 곳 등에서 얼굴을 내민다. 주택가 한 구석, 빈터로 남아 황폐해진 땅에서도 잘 자란다. 이런 번식력 때문인지 외래생물법 요주의 외래생물로 지정되었다. 정원에서 서양금혼초를 봤다면 아마도 꽤 오래 방치해 두고 관리를 하지 않았음에 틀림없다. 꽃이 민들레와 비슷해서 '단포포모도키(일본어로 '단포포'는 민들레, '모도키'는 닮았다는 뜻이다)'라고도 불린다. 줄기가 도드라지게 훌쩍 솟은 독특한 모습을 하고 있다. '로쿠로쿠비 단포포('로쿠로쿠비'는 목이 길게 늘어나는 특징을 지닌 일본의 전설 속 요괴)'라고 표현한 걸 본 적이 있는데 과연 그렇구나 싶었다. 왜 부타나(돼지나물이라는 의미)라는 이름이 붙었을까 궁금했는데, 프랑스어로 서양금혼초가 '돼지 샐러드'라 이를 그대로 직역했다고 한다. 잎은 땅 근처에만 나며 줄기에는 잎이 붙지 않지만 생육 환경에 따라 잎의 모양 등이 달라진다.

알아 두세요

쑥 위로 잡아당기면 쉽게 뽑힌다. 뿌리가 남아 있으면 불사조처럼 다시 부활한다. 땅에 찰싹 달라붙듯이 잎을 내기 때문에 풀을 베어 내도 포기가 남는 일이 많다. 그 때문에 재생도 빨라서 뿌리째 뽑는 등 세심하게 살펴야 한다.

1 서양금혼초의 로제트. 2 빛이 잘 들지 않는 자갈 틈에서도 이렇듯 씩씩하게 자란다.

서양민들레

국화과 민들레속
여러해살이풀
개화 시기 3~6월, 9~11월
키 2~15센티미터
약산성 토양과 양지 선호
단단한 흙, 자갈이 섞인 흙,
자주 밟혀 단단히 다져진 땅
외래종 - 유럽 원산, 메이지시대
(1868~1912년, 19세기)

금방이라도 바람에 날아갈 듯 흔들거리는 동그란 민들레 솜털은 언제 봐도 신비롭다. 재래종인 일본민들레는 최근 급감하고 있는데, 메이지시대에 유럽에서 샐러드용 채소로 들여온 서양민들레에게 완전히 자리를 내어 준 것 같다. 도쿄농업대학 네모토 마사유키 교수의 말에 의하면 최근에는 서양민들레와 일본민들레가 교잡한 종이 많이 늘었다고 한다. 그리고 보니 순수한 서양민들레나 순수한 일본민들레는 생각보다 훨씬 적은 듯하다.

일본민들레와 서양민들레는 겉모습이 똑 닮았지만 자세히 보면 미묘한 차이점을 알 수 있다. 흔히 총포외편총포는 꽃대 끝에서 꽃의 밑부분을 싸고 있는 비늘 모양의 조각을 말한다이 뒤집어졌는지 여부로 차이를 구분하는데 115쪽 사진을 보면 잘 알 수 있다. 그 밖의 차이점을 몇 개 살펴보자. 서양민들레는 제꽃가루받이로 씨앗을 만들기 때문에 한 포기에서 점점 포기를 늘려 간다. 게다가 씨앗이 작고 가벼워서 멀리멀리 퍼져 나간다. 이런 특성 때문에 일본민들레를 제치고 널리 퍼졌을지도 모른다. 또한 토지 개발로 일본민들레가 사라진 곳에 가장 먼저 자리 잡고 들어간다.

강인한 성질을 지닌 서양민들레지만 한 여름에 다른 잡초에 둘러싸이면 말라 죽고 만다. 굳이 구분하자면 운동장, 건물 부지로 조성한 곳, 포장도로 등 사람의 발이 닿는 도시 속에서 많이 볼 수 있다. 영하의 아침을 맞이한 한 겨울의 정원에서 꽃망울을 맺은

1 단단한 땅에서도 꿋꿋하게 피어난 서양민들레. 양지를 좋아하지만 반음지에서도 자란다. 2 줄기에 붙은 갈색 부분이 저울추 역할을 해서 지면에 무사히 착륙할 수 있게 한다. 3 메이지시대에 채소로 들여온 서양민들레. 잎은 샐러드나 나물무침을 해서 먹는다.

서양민들레의 로제트를 발견했다. 줄기를 거의 뻗지 않았고 로제트
중앙에 찰싹 달라붙이듯이 꽃망울이 달려 있었다. 겨울 동안은
가능한 한 에너지를 쓰지 않으려는 것일까. 그럼에도 꽃망울을
만들다니 엄청난 근성이다.
일본민들레는 한여름에 기세 좋은 잡초와 경쟁해 봐야 질 게
뻔하니 잎을 떨어뜨리고 여름잠에 든다. 그래서인지 밭이나 과수원
주위 들판 등 오랜 시간 경관이 바뀌지 않은 곳에 무리지어 사는
일이 많다. 꽃가루받이를 하지 않으면 씨앗을 만들 수 없지만
자신이나 형제 포기의 꽃가루로는 꽃가루받이를 할 수 없다. 즉,
어느 정도 군락을 이루지 않으면 꽃가루받이를 할 수 없다. 이런
특성 때문에 서양민들레에게 자리를 내어 주게 되었는지도 모른다.
씨앗에는 곧바로 발아하는 것과 몇 개월 뒤에 발아하는 것이 섞여
있다.

알아 두세요

민들레 뿌리는 우엉처럼 땅속 깊이 박혀 땅을 비옥하게 만든다.
그래서인지 부드러운 흙에서는 본 적이 없다. 본 뿌리를 끝까지
파내려면 힘이 꽤나 든다. 끈기가 필요하다. 뿌리는 몸에 좋은
건강차로 즐기기도 하는데 민들레커피로 만들어 마시기도 한다.
우리집에서도 카페인 음료를 꺼릴 때 이 차를 마시곤 하는데 맛이
꽤 좋다.

1 우엉처럼 긴 뿌리로 단단히 땅에 밀착한다. 뿌리는 커피처럼 끓여 마시기도 하는데 몸에 좋다고 한다. 2 바람이 불기를 기다리며 대기하고 있는 둥근 솜털이 무척 탐스럽다.
3 옆에서 보면 서양민들레는 총포외편이 뒤집어져 있어서 일본민들레와 구분하기 쉽다.
4 일본민들레는 오랜 동안 경관이 바뀌지 않은 밭이나 과수원 주위에 많다. 5 2월 하순 일본민들레도 땅 가까이에서 꽃망울을 맺은 채 버티고 있다.

멸종위기종

식물 가운데에는 멸종위기종이 된 식물도 있다. 또한 멸종위기종으로 지정되지는 않았지만 요즘 잘 찾아볼 수 없는 식물도 있다. 염주나 도꼬마리(국화과)가 대표적인 예다. 어렸을 적에 아이들은 염주 열매를 실로 꿰어 목걸이나 팔찌를 만들거나 공기놀이를 하며 놀았다. 최근에는 이런 풍경을 찾아보기 힘들다. 가을부터 겨울까지는 도꼬마리를 스웨터에 던져 붙이며 놀기도 했다. 그래서 도꼬마리를 '끈끈이벌레'라고 부르기도 한다. "아니에요, 도꼬마리는 종종 보여요"라고 말하는 사람이 있다면 그 사람은 아마도 북미에서 들어온 큰도꼬마리를 본 것일 게다. 도꼬마리는 간토 지방(일본 지역 구분 명칭의 하나로 도쿄를 포함한 일본 본섬의 동부 지역을 일컫는다)에서는 멸종위기종이 되었고 긴키 지방(近畿, 일본 지역 구분 명칭의 하나로 교토, 오사카를 중심으로 한 일본 본섬의 서남부 지역을 가리킨다. 간사이라고도 한다)에서는 멸종했다고 한다. 하지만 가장 큰 멸종위기종은 아마도 자연 속에서 자연의 산물을 갖고 뛰어놀던 아이들일지 모르겠다.

제비꽃 종류

제비꽃과 제비꽃속
여러해살이풀
개화 시기 3~5월 무렵까지 다양함
키 10센티미터
다양한 곳에서 자라지만 다른 키 큰
풀이 있는 곳에서는 자라지 못함
재래종과 외래종

일본에는 60종 정도 자생하며 분포 지역도 다양하다. 콘크리트 틈새나 나무 밑 그늘진 곳, 도시나 지방을 불문하고 어디서나 잘 자라는 굳센 풀이다. 로제트로 겨울을 난 뒤 3~5월에 꽃을 피운다. 바람에 씨앗을 날려 보내거나 개미의 도움을 받기도 한다(개미가 좋아하는 엘라이오솜elaiosome이 씨앗에 붙어 있다). 꽃을 피워 벌의 도움을 받아 꽃가루받이를 하기도 하지만 폐쇄화 閉鎖花, 꽃받침조각과 꽃잎이 열리지 않고 자가수분·수정을 하는 꽃로 꽃망울 속에서 스스로 꽃가루받이를 해 씨앗을 만들기도 한다. 큰표범나비 종류는 제비꽃을 먹는다. 한 해에 몇 세대씩 세대교체를 하는 암끝검은표범나비 애벌레는 팬지나 비올라 같은 원예종까지도 먹는다고 한다. 애벌레는 좀 징그럽지만 자라면 무척 예쁜 나비가 된다. 최근 암끝검은표범나비가 자주 보이는 이유는 겨울에 팬지나 비올라 같은 원예종을 많이 심기 때문일지도 모른다. 암끝검은표범나비는 번데기가 될 때 금속처럼 보이는 은빛 배지 같은 무늬를 여섯 개 만든다. 무슨 이유에서 이렇게 하는지 그저 신기할 따름이다. 새가 반짝반짝 빛나는 것을 싫어해서 그런 걸까? 아무튼 정확한 이유는 밝혀지지 않았다. 1980년대까지는 긴키보다 서쪽 지방에서만 볼 수 있었다.

개미의
씨 뿌리기

정원을 손보려고 통로에 깔아 둔 평평한 벽돌을 들어 올렸더니 개미집이 있었다(119쪽 사진). 세상에나! 이 개미가 씨앗을 땅 위에 엄청나게 버려두었다. 식물 가운데에는 씨앗 속에 엘라이오솜(엘라이오좀이라고도 한다)이라는 물질을 지닌 것들이 있다. 엘라이오솜은 개미 애벌레와 냄새가 비슷하며 인간으로 치자면 젤리 같은 간식쯤 된다. 그러니 개미들은 열심히 씨앗을 모아 엘라이오솜만 먹어 치우고 나머지는 쓰레기 버리듯 내다 버린다. 씨앗 입장에서는 엘라이오솜이 없어도 상관없다. 이렇게 씨앗은 벌레들의 힘을 빌려 이동한다.

1 어떻게 이런 곳에? 개미가 씨앗을 옮겨 주었는지도 모른다. 2 아주 적은 흙만 있어도 꿋꿋이 자라는 '불굴의 제비꽃'. 3 제비꽃의 발아. 4 비올라와 팬지는 겨울 화단용 꽃으로 많이 팔린다. 5 제비꽃은 재래종과 외래종 모두 무척 많은 종이 있다. 원예종이 야생화하거나 야생화된 꽃이 교잡한 경우도 있다. 6 제비꽃 씨앗에는 개미가 좋아하는 엘라이오솜이 붙어 있다. 7 통로의 평평한 벽돌을 떼어 냈더니 버려진 씨앗으로 꽉 차 있다. 8 암끝검은표범나비 애벌레는 원예종 팬지와 비올라도 먹는다.
9 암끝검은표범나비 성충. 애벌레는 제비꽃을 먹고 자란다.

좀양귀비

양귀비과 양귀비속
가을 발아 한해살이풀(두해살이풀)
개화 시기 4~5월
키 20~60센티미터
알칼리성 토양 선호
외래종 - 유럽·지중해 원산,
쇼와시대 중기(1950년대)

모리 아키히코가 쓴 《내 주변의 신비한 들꽃》에서 "1961년에 도쿄에서 처음 발견되었다"라는 문장을 보았는데, 당시에는 그리 널리 퍼지지 않았던 것 같다. 실제로 본 적은 없다. 1999년 8월 말 캐나다로 원예요법 시찰을 간 적이 있는데, 빅토리아 시 도로 주변과 제방에 좀양귀비가 잔뜩 피어 있었다. 사람들은 잡초 취급을 했지만 정말 사랑스러워서 이런 꽃이라면 정원에 심어도 좋겠다는 생각을 했었다. 그 뒤로 4~5년이 지났을 무렵 일본에서도 여기저기서 야생화된 모습을 보았다. "내 신발에 씨앗이라도 묻혀 온 걸까?" 하고 조마조마했는데 이미 1961년에 일본에 들어왔다는 말을 듣고 안도의 한숨을 쉬었다. 요즘에는 사이타마 현 깊은 산속에 위치한 우리집 주변까지 좀양귀비가 진출했다. 특히 도쿄 훗사 시에 위치한 미군기지 주변에는 좀양귀비가 많기로 유명하다. 벌어진 콘크리트 틈새에서도 뻗어 나온다. 강한 알칼리성 토양을 좋아하나 보다. 그런데 아무리 봐도 캐나다에서 처음 만났을 때의 감동은 없다. 일본의 분위기나 경치에 잘 녹아들지 못하는 것 같은 느낌이다. 일본에는 아무래도 작은 꽃이 잘 어울리는 듯하다. 꽃잎이 떨어진 뒤에 모습을 드러내는 긴 열매 때문에 '나가미長実'라는 이름이 붙었다고 한다좀양귀비의 일본명은 '나가미히나게시長実雛罌粟'로 '나가미'는 긴 열매, '히나게시'는 개양귀비를 뜻한다.

1 개화 시기는 4~5월이지만 때에 따라 6월에도 꽃을 피운다. 2 좀양귀비 열매.
3 개발이 이루어진 풀밭 등에 흔히 피는데 최근에는 보도나 길옆 등에서도 많이 보인다.

주홍서나물

국화과 주홍서나물속
한해살이풀
개화 시기 8~11월
키 40~80센티미터
건조한 양지
외래종 - 아프리카 원산, 쇼와시대 중기
(1950년대)

1

붉게 상기된 어여쁜 꽃잎, 다소곳이 고개 숙인 자태에 누구나 눈길을 빼앗기기 마련이다. 주택가가 조성된 뒤 빈터로 남은 곳이나 집이 아직 들어서지 않은 곳 등에서 자주 보인다. 온대 기후에서는 나무를 벌채한 곳이나 불이 난 뒤 벌거벗은 땅 등에 가장 먼저 찾아와 자라는 개척종이다. 씨앗은 땅속에서 휴면하면서 발아 조건이 갖추어지기를 기다린다.

알아 두세요

한해살이풀이라 씨가 맺히기 전에 밑동을 잘라 준다.

1 벌거벗은 땅에 가장 먼저 찾아드는 개척식물. 다른 식물이 자랄 수 있는 환경이 갖추어지면 점점 사라진다. 2 다른 국화과 잡초는 노란색 꽃이 많은데 주홍서나물은 주홍색 꽃이 인상적이다. 위로 쑥 잡아 뽑으면 잘 뽑힌다.

질경이

질경이과 질경이속
여러해살이풀
개화 시기 3~11월
키 10~20센티미터
사람이 걸어 다니는 곳
재래종

마차나 짐수레가 지나다니는 곳에서 자라나서 일본에서는 한자로 '차전초車前草'라 쓰기도 한다.
요즘은 마차나 짐수레가 다니지는 않지만 사람이 아무리 밟고 다녀도 살아남으며 사람이 자주 다니는 장소 등에서 산다. 무참히 짓밟혀도 꿋꿋이 살아남는 강인한 풀이다.
씨앗은 물에 젖으면 달라붙기 쉬워서 비가 그친 뒤 또는 아침 이슬 속을 걸어 다닌 장화나 구두에 붙어 이동하기도 한다. 그런 성질 때문인지 산속에서 길을 잃었다면 질경이를 표지 삼아 따라가다 보면 사람 사는 마을에 다다를 수 있다고 해서 '산길 안내인'이라는 운치 있는 별명도 얻었다. 최근 인구가 많지 않은 지역 중에는 사람이 극히 적은 지역도 있는데 그런 곳에서는 질경이도 서서히 자취를 감추고 있다고 한다. 사람이 다니지 않는 곳에는 밟히지 않았을 때 잘 자라는 풀들이 싹을 틔우고 생장하기 때문에, 키가 크지 않은 질경이는 빛을 쟁취하기 위한 경쟁에서 뒤처질 수밖에 없다. 자양강장에 효과가 있다고 알려진 한방약에는 반드시 질경이가 들어 있다 해도 과언이 아닐 정도로 약효도 있는 풀이다.

알아 두세요

질경이는 뿌리가 깊지 않아서 의외로 쉽게 뽑히지만 뿌리와 같이 흙이 딸려 나오기 때문에 땅이 움푹움푹 팬다. 뿌리를 뽑을

1 짓밟히는 땅에서 꿋꿋이 자라난 질경이. 2 무리지어 자란 질경이. 3 자세히 봐야만 눈에 들어오는 질경이 꽃은 꽤 예쁘장하다. 4 뿌리 하나하나가 단단해서인지 뽑으면 흙이 뭉텅 따라 올라온다. 5 싹을 막 틔운 질경이.

때에는 흙을 잘 털면서 뽑고 움푹 팬 부분은 다시 메워 준다.
뽑기가 힘들 때는 작은 낫으로 뿌리 가까운 부분을 헐겁게 만들어
파낸다. 무리지어 자라난 곳은 원예용 갈퀴로 긁어내면 편리하다.
키가 높이 자라지는 않아서 우리집에서는 흙 유출 방지를 위한
멀칭(281쪽 참조)을 하는 셈치고 그냥 둔다.

움직이는 잡초	우리집은 예전에는 그냥 빈 들판이었다. 땅을 반반하게 고르면서 뭐가 자라나 보았더니 도로에서 정원으로 이어지는 길에는 씨를 뿌린 적도 없는데 토끼풀이 생겨났다. 차가 지나다니는 부분만 쏙 뺀 채 토끼풀이 군락을 이루었다. 그런데 토끼풀은 새로운 곳을 좋아하는지, 해마다 조금씩 자리를 옮겨 갔다. 처음 토끼풀이 자랐던 곳에는 지금 다른 풀들이 자란다. 정원 한 모퉁이에 있는 작업창고 지붕도 풀로 단장했는데, 처음에는 들잔디로 채워졌던 지붕에 어느새 토끼풀이 자리 잡았다. 도대체 어떻게 저 높은 곳까지 진출했을까? 바람이 도와주었을까, 아니면 집에서 기르는 고양이가 씨앗을 묻힌 채 돌아다녔을까(우리집 고양이는 이런저런 씨앗을 몸에 묻혀 돌아오곤 한다), 이도 저도 아니면 풀을 뽑을 때 신었던 장화에 붙어서 갔을까? 인간은 식물이 움직이지 못한다고 여기지만 식물은 인간과는 다른 시간의 흐름 속에서 이동을 하며 살아간다고 토끼풀이 가르쳐 주었다.

참소리쟁이

마디풀과 소리쟁이속
여러해살이풀
개화 시기 6~8월
키 50~100센티미터
조금 습한 곳
재래종

전성기 때의 참소리쟁이는 윤기가 자르르 흐르는 초록빛 잎을 반짝거리며 날렵한 잎새에 싱그러움을 한가득 머금고 있다. 참소리쟁이는 수많은 벌레가 좋아하는 풀이다. 다양한 벌레를 관찰할 수 있어서 곤충을 좋아하는 사람에게는 더할 나위 없는 풀이다. 잎의 즙을 빨아먹는 진딧물은 물론이거니와 진딧물을 먹는 무당벌레, 꽃등에과 애벌레, 풀잠자리과 애벌레 등이 모여든다. 잎을 먹는 검정날개잎벌 애벌레, 좀남색잎벌레 등도 찾아오고 이들을 노리며 돌아다니는 거미와 침노린재과 벌레도 모여든다. 최근 수가 줄어드는 것 같은 붉은숯돌나비 애벌레는 참소리쟁이와 수영 *Rumex acetosa L.*을 먹고 성충은 우리집 부추꽃의 꿀을 빨아먹는다. 참소리쟁이가 딱 한 포기 자라났을 뿐인데 참소리쟁이를 중심으로 먹고 먹히는 생태계 순환이 이루어진다. 눈길 가는 대로 이것저것 바라보고 있노라면 참소리쟁이가 이루어 놓은 세계에 푹 빠져 시간 가는 줄 모른다. 우리집에서 해마다 소중히 여기던 참소리쟁이는 4~5년 정도 소소한 즐거움과 기쁨을 나누어 준 뒤 포기가 매우 작아지더니 작은 잎을 아주 조금 내놓을 뿐 키가 제대로 크지 않았다. 포기의 수명이 다해서 그런가? 토양의 질이 변해서 그랬나? 안타까워했는데 아니 웬걸, 그 주변에 작은 포기 몇 개가 자라고 있었다. 착실히 세대교체를 하고 있었던 셈이다.
참소리쟁이는 암수한포기이며, 꽃이 초록색인데 참소리쟁이와 똑 닮은 수영은 암포기와 수포기가 따로 있고 꽃은 붉은 빛을 띤다.

수영은 산모酸模라고도 불린다. 참소리쟁이도 수영도 잎에 옥살산을 함유하고 있어 신맛이 난다. 참소리쟁이와 비슷한 돌소리쟁이와 소리쟁이는 외래종이다.

알아 두세요

꽃이 피기 전에 삽으로 뿌리째 파낸다. 단단한 땅에서 자라므로 모종삽 같은 작은 도구로는 파내기 쉽지 않으며 삽 같은 전문 도구가 필요하다.

1 크고 예쁜 초록색 잎은 수많은 벌레의 먹이가 되기 때문에 여기저기 뜯어 먹힌 흔적이 많다. 2 우엉처럼 단단한 뿌리로 땅을 일구어 준다. 3 참소리쟁이 꽃(사진_이케타케 노리오). 4 풀잠자리과 애벌레(진딧물의 천적). 5 진딧물은 참소리쟁이를 무척 좋아한다. 6 민달팽이가 먹어치운 흔적. 7 식해食害(벌레가 식물의 잎이나 줄기 따위를 갉아 먹어 해치는 일)를 입히는 이른봄방나방 애벌레. 8 식해를 입히는 좀남색잎벌레. 9 식해를 입히는 꽃등에과 애벌레(진딧물 천적).

1 강인함과 부드러움을 겸비한 채 존재감을 드러낸다. 정원에 잘 어우러지게 자리 잡으면 보는 즐거움이 이루 말할 수가 없다(사진_이와타니 미나에). 2 잎맥만 남고 너덜너덜해진 잎. 진딧물이 참소리쟁이 즙을 빨아먹고 풀잠자리과 애벌레와 꽃등에과 애벌레가 진딧물을 먹는다. 잎을 갉아먹는 잎벌레와 모기, 나비의 애벌레들은 사마귀, 쌍살벌아과, 거미, 새 등의 천적에게 잡아먹힌다. 참소리쟁이 한 포기에서도 경이로운 생태계가 펼쳐진다.
3 식해를 입히는 애황종아리잎벌 애벌레. 4 식해를 입히는 붉은숫돌나비(나비과) 애벌레.

큰금계국

국화과 기생초속
여러해살이풀
개화 시기 5~7월
키 30~70센티미터
양지
외래종 - 북미 원산, 메이지시대
(1868~1912년, 19세기)

5~7월에 걸쳐 큰 키에 노란색 꽃을 피우는 화려한 자태가 인상적인 큰금계국. 노랑코스모스랑 비슷하지만 잎 모양이 달라서 쉽게 구분할 수 있다. 노랑코스모스 잎은 끝이 뾰족뾰족 여러 갈래로 갈라져 있는데 큰금계국은 그렇지 않다. 이전에는 마트의 원예 코너 등에서 파는 걸 본 적이 있는데 최근에는 전혀 볼 수 없다. 그도 그럴 것이 2005년에 시행된 '일본 특정외래생물이 생태계 등에 미치는 피해 방지에 관한 법률'(통칭 '외래생물법', '특정외래생물피해방지법')에 따라 재배뿐만 아니라 운반도 규제하고 있기 때문이다. 이 법률은 일본에 본래 살던 재래종과 경쟁을 벌여 생태계를 파괴하거나 교란할 우려가 있는 동식물을 규제하려는 법이다. 동물과 곤충 외에 식물 가운데에도 여러 종이 지정되었다. 개인이 위반하면 1년 이하의 징역 혹은 100만 엔 이하의 벌금, 법인에게는 5000만 엔 이하의 벌금이 부과된다. 판매 목적이었다면 징역과 벌금은 세 배가 된다. 법인에 부과하는 벌금은 더 고액이다. 학술연구를 위한 목적이 아니면 수입과 재배를 할 수 없다.한국은 '생물다양성 보전 및 이용에 관한 법률'에 의거 외래생물 및 생태계교란 생물을 관리하고 있으며 유입주의 생물을 불법 수입하는 경우에는 2년 이하의 징역 또는 2000만 원 이하의 벌금이 부과될 수 있다.

본래 큰금계국이 일본에 널리 퍼진 이유는 공공 녹화사업을 벌일 때 큰금계국을 많이 심었기 때문이다. 물론 화훼전문점에서 모종을 판매한 점도 큰 영향을 주었다. 민관 할 거 없이 큰금계국의 번식에 일조하는 사이 일본재래종인 사철쑥이 급격히 줄고 말았다. 위반에 따른 벌칙은 없지만 '요주의 외래생물' 목록2005~2014년까지 일본 환경성이 생태계에 악영향을 미칠 위험이 있는 생물을 지정한 목록이다. 2014년 말 일본 국내의 재래종을 포함해 생태계와 인간 활동에 피해를 미칠 위험이 있는 생물(침략적 외래종)을 새롭게 '생태계피해방지외래송'으로 지정하면서 요주의 외래생물 지정 제도는 폐지되었다도 있다(앞으로 '특정외래생물'이 될 가능성이 있는 동식물을 대상으로 한다). 목록에는 자주괭이밥과 란타나도 들어 있다. 란타나는 일본뿐만 아니라 세계자연보호연맹IUCN이 지정한 '세계 100대 악성 침입 외래종'에도 이름을 올렸는데 오가사와라 제도와 오키나와 등에서는 야생하고 있다.

일본과 같은 섬나라인 호주에서는 외래종의 침입을 막고 고유의 생태계를 지켜 나가기 위한 대응책이 일찌감치 나왔다. 호주의 지자체 대부분은 지역에서 보호해야 할 재래종 야생식물과 제거해야 할 침략적 외래종의 목록을 작성해 지역주민에게 배포한다. 관공서 직원과 시민단체가 힘을 모아 지역을 순회하며 침략적 외래종이 자라고 있으면 번져 나가지 못하게 막고, 개인 정원에서도 꽃봉오리를 따는 조치를 시행하고 있다. 또한 해외에서 유입되는 종뿐만 아니라 야생식물도 주州가 다르면 판매하지 못하게 하는 등 철저히 규제하고 있다. 호주에서 가장 많이 팔리는 식물은 꽃도 나무도 아닌 바로 그 지역 고유의 풀이다. 즉, '잡초'인 셈이다.

1 큰금계국 꽃. '외래생물법'에 따라 판매, 재배, 운반 등이 금지되었다. 2 큰금계국과 꽃 모양이 비슷한 노랑코스모스 *Cosmos sulphureus* Cav.. 큰금계국과 달리 잎 끝이 뾰족하고 여러 갈래로 갈라져 있다. 3 정원에서 길가로 뻗어 나와 무리지어 핀 큰금계국. 잎 모양이 길고 둥그스름한 타원형이다. 4 루드베키아 *Rudbeckia hirta* L.도 큰금계국과 비슷하지만 꽃 한가운데가 짙은 갈색을 띤다.

큰방가지똥

국화과 방가지똥속
가을 발아 한해살이풀(두해살이풀),
한해살이풀이나 두해살이풀도 있음
개화 시기 4~10월,
한겨울에 피기도 함
키 50~140센티미터
통풍이 잘 되는 곳
외래종 – 유럽 원산, 메이지시대
(1868~1912년, 19세기)

큰방가지똥은 재래종인 방가지똥과 달리 잎이 광택이 나며 가시처럼 뾰족뾰족해 날카로운 느낌을 준다. 한군데에 모여 살기보다 길가 보도 연석이 벌어진 틈새에 한 포기가 외따로이 불쑥 고개를 내미는 일이 더 흔하다. 한해살이풀 또는 가을 발아 한해살이풀이라고도 하고 두해살이풀이라고도 하는데 환경에 따라 변화무쌍한 모습을 보여 준다. 방가지똥 종류는 뿌리를 깊이 뻗으면서 흙을 일구어 산소와 물의 길을 만들어 준다. 정원의 다른 풀과 잘 어우러진다면 그대로 자라게 두어도 좋을 듯하다. 자르면 하얀 즙이 나오므로 피부가 약한 사람은 주의가 필요하다. 뿌리째 뽑기는 힘들다.

1 큰방가지똥 잎은 짙은 초록색을 띠며 잎 가장자리가 가시가 돋친 듯 뾰족하다.
2 큰방가지똥 꽃. 따스한 곳에서는 한겨울에도 꽃을 피운다. 3 방가지똥 종류의 뿌리는 흙을 일구어 산소와 물의 통로를 만들어 준다. 4 큰방가지똥은 방가지똥과 비슷하지만 잎에 가시가 있고 줄기에 붉은 빛이 많이 돈다. 5 큰방가지똥의 로제트. 최근에는 재래종 방가지똥보다도 수가 늘었다.

타래난초 *

난초과 타래난초속
여러해살이풀
개화 시기 5~8월
키 10~20센티미터
양지
재래종

잔디 관리를 하다가 종종 이 꽃이 피어 있는 걸 발견하면 깜짝 놀라곤 한다. 작은 꽃을 자세히 들여다보면 정말로 난초 같은 자태를 뽐내고 있다. 아름다운 자태에 반해 집에서 키워 보려고 화분에 옮겼는데 제대로 자라지 못했다. 사실 난초 종류는 균근균과 공생하며 살아가기 때문에 자라난 곳과 환경이 다른 곳으로 가져오면 살기 어렵다. 타래난초와 공생하는 균은 병원균에 대한 저항력을 가지고 있어 병충해로부터 타래난초를 지켜 줄 뿐만 아니라 토양의 영양을 타래난초에게 공급해 주며 발아를 돕기도 한다.

*일본 이름은 '네지바나'로 '네지'는 꼬이다, '하나'는 꽃을 뜻한다. 꽃이 줄기를 꼬면서 자라는 모습에서 유래 했다. 모지즈리라고도 부른다.

알아 두세요

우아한 자태와는 달리 뿌리가 굳건해서 뽑기가 만만치 않다. 땅 가까이에서 줄기를 쥐고 잡아당겨도 도중에 뚝 잘릴 뿐, 땅속에 있는 구근 부분은 딸려 나오지 않는다. 주위의 흙을 파내어 구근을 들어내야 한다.

1 꽃은 아래에서부터 피어나는데 "정상에 닿을 무렵에는 장마가 그친다"는 말이 있다.
2 화분에 옮겨 심었는데 타래난초가 살아가려면 공생균이 필요해서인지 이듬해에는 다시 볼 수 없었다.

황새냉이

십자화과 황새냉이속
두해살이풀 또는 여러해살이풀
개화 시기 3~6월
키 10~30센티미터
적응 범위가 넓음
재래종

밭이나 정원에서 흔히 보이는 잡초다. 잎도 꽃도 앙증맞고 예뻐서 좋아하는 사람이 많을 것이다. 어디서나 잘 자란다고 하는데, 빛이 잘 들고 비옥한 곳에서 많이 보인다. 이름을 보고 씨가 많이 붙어 있을 것이라 상상했다. 물론 씨가 많이 달리고 번식력도 무척 강하지만 "이 꽃이 필 무렵에 볍씨를 물에 담가 벼농사 준비를 한다"는 데에서 이름이 유래했다고 한다. 황새냉이의 일본명은 다네쓰케바나種漬花로 '씨를 담근다'는 의미를 담고 있다. 자연계의 농사달력 역할을 하는 잡초인 셈이다. 최근에는 쌀 생산 억제 정책으로 논이 많이 줄었다. 그 때문인지는 모르겠지만 빈터나 정원에는 건조에 강한 외래종 카르다미네 히르수타 *Cardamine hirsuta*가 늘었다. 부드러운 땅을 좋아하기 때문에 쉽게 뽑힌다. 큰줄흰나비와 배추흰나비가 좋아하는 풀이다.

1 꽃은 새하얗고 앙증맞다. 2 3월 하순 무렵 화단을 보니 황새냉이가 다른 원예종보다 먼저 꽃을 피웠다. 3 한겨울 정원에서 로제트로 겨울을 난다. 귀여운 모습과는 달리 추위에 강하며 튼튼하다. 4 씨를 가득 품은 칼집을 뻗어 자손을 퍼뜨릴 준비를 하는 카르다미네 히르수타.

덩굴
(덩굴식물)

정원 일을 하다 보면 덩굴성 식물이 나무와 울타리를 감싸며 무성하게 뻗어 가는 걸 흔히 본다. 덩굴은 바람의 통행을 막고 빛을 차단해 나무의 광합성을 방해하고 줄기의 생장을 저해할 뿐만 아니라 보기에도 별로 안 예쁜 참 성가신 존재다. 그럼에도 불구하고 한편으로는 아름다운 꽃을 피우고 열매를 맺어 벽면을 아름답게 장식해 주거나, 다른 잡초의 번식을 막아 주기도 하며, 곤충의 소중한 양식이 되어 주기도 한다. 이런 식물을 덩굴식물로 분류해 보았다.

덩굴식물에 대한 공통된 대처법은 땅에 바싹 붙여 줄기를 자르는 것이다. 뿌리가 지면을 종횡무진 뻗어 나가는 식물이 많기 때문에 뿌리째 완벽하게 없애기는 무리다. 되풀이해서 자르다 보면 어느새 사라진다. 식물을 휘감으며 뻗어 가는 덩굴식물이 보인다면 즉시 제거하는 게 좋다. 그대로 두면 정원은 순식간에 덩굴식물로 뒤덮이게 되어 다른 식물들은 광합성을 못해 시들거나 말라 죽게 된다.

가는살갈퀴

콩과 나비나물속
한해살이풀 또는
가을 발아 한해살이풀(두해살이풀)
개화 시기 3~6월
키 10~30센티미터
양지
재래종

덩굴식물이기는 하지만 계요등이나 거지덩굴처럼 다른 식물을 뒤덮을 정도의 번식력을 지니지는 않았다. 보통 땅 가까이에 수수한 모습으로 앉아 있다. 가는살갈퀴를 일본에서는 '시비비'라 부르기도 하는데, 열매 속에 든 콩을 제거하고 깍지가 붙은 자루를 살짝 찢어 뾰족해진 쪽을 입에 대고 불면 '비-비-' 하고 피리 소리가 나기 때문이다. '피피마메'라는 별명도 여기서 유래한 것 같다. 꽃도 잎도 덩굴지는 모습도 왠지 앙증맞고 귀여워서 한 송이 꺾어 꽂아 두면 집안에 아기자기한 느낌을 더해 준다. 일본어로 가는살갈퀴는 '가라스노엔도'라 하는데, '가라스까마귀'가 붙은 이유는 새완두일본어로 '스즈메노엔도'보다 커서라는 설도 있고 깍지와 콩이 다 익으면 까맣게 변하는 모습이 까마귀와 닮아서라는 설도 있다. 잎자루 부분에 화외밀선花外蜜腺, 잎을 먹는 벌레들이 접근하지 못하도록 이들의 천적인 개미, 말벌, 무당벌레 등을 불러들이기 위해 식물이 꿀을 분비하는 꽃 이외의 조직이 있어서 개미를 보디가드로 고용해 외적으로부터 몸을 지키거나 꽃가루받이를 돕게 한다. 게다가 근립균根粒菌, 뿌리혹박테리아과 공생하고 있어 공기 중의 질소를 땅에 고정하기 때문에 땅에 섞어 두면 녹비가 된다.

1 콩과식물답게 소형 스위트피*Lathyrus odoratus* L.와 비슷한 꽃을 피워 잡초라는 사실을 잊게 만든다. 2 무리 지어 있어도 키가 그리 높이 자라지 않기 때문에 지피식물로도 손색없다. 3 잎자루에 적갈색 화외밀선이 있어 잎을 먹으러 몰려드는 곤충을 개미가 잡아먹는다. 4 갈색 구멍처럼 보이는 부분이 화외밀선이다. 가는살갈퀴는 개미에게 꿀을 주어 보디가드로 삼는다.

개머루

포도과 개머루속
덩굴성 낙엽관목
개화 시기 7~8월
열매 맺는 시기 9~10월
키 3미터
옆에 휘감을 게 있는 양지
재래종

가을이 되면 오색의 보석 같은 열매를 맺는다. 하지만 잘라서 장식할라 치면 금세 색이 바래 버린다. 야생에 있었을 때에만 아름다움을 발한다. 정원 관리를 의뢰 받을 때면 "개머루는 너무 번지면 안 되니 제거해 주시되 그렇다고 전부 베어 버리지는 말고 남겨 두세요"라는 부탁을 받는다. 행복한 풀이다. 그림을 그리거나 사진을 찍는 사람들에게는 훌륭한 피사체가 될 수 있다. 사실 개머루는 풀이 아니라 작은키나무관목다. 과실을 먹기 위해 포도를 정원에 심는 사람도 있는데, 개머루는 포도나무 종류로 풀은 아니다. 그러므로 잡초나 산야초 부류에 들어가지 않는다. 사실은 독이 있어 먹을 수도 없다. 잎은 줄박각시 애벌레가 와서 먹는다.

1

1 열매는 대체로 동글고 적자색을 띠지만 푸른색 또는 보라색을 띠는 것도 있고, 모양이 변형된 것도 있는데 이는 개머루혹파리가 만든 벌레혹이다. 개머루 벌레혹을 '개머루 미후쿠레후시ミフクレフシ'라고 한다. 2 줄박각시 애벌레(녹색형). 3 개머루는 잎의 모양에 변이가 커서 톱니모양을 띤 것도 있다(사진_와타나베 아키히코).

거지덩굴

포도과 거지덩굴속
여러해살이풀
개화 시기 6~9월
키 2~3미터
장소를 가리지 않음. 음지에서
싹을 틔워 양지를 향해 뻗어 감
재래종

정원사 일을 하다 보면 이런저런 사정으로 정원 관리를 못하고 있는 집에 가게 될 때도 있다. 그때 반드시 만나게 되는 풀이 거지덩굴이다. 옆에 있는 나무를 휘감으며 높이 올라가 잎을 무성하게 펼친다. 이를 여러 그루 뽑아 손에 모아들면 마치 배를 타고 떠나는 여행객과 항구에서 배웅하는 사람이 길게 늘어뜨린 오색 종이테이프를 사이에 두고 이별의 정을 나누는 옛 영화의 한 장면이 떠오른다.

처음 이 풀을 보았을 때 잎사귀 모양에 놀랐다. 크기가 제각각인 다섯 장의 잎이 모여 하나의 잎을 이룬다. 마치 새의 다리를 연상케 한다. 식물의 잎은 대부분 좌우가 거의 대칭을 이룬다. 거지덩굴처럼 좌우 비대칭인 잎은 본 적이 없다. 꽃은 많이 피는데 제꽃가루받이를 할 수 없어 다른 포기의 꽃가루가 필요하다. 그래서 잡초치고는 희귀하게도 그리 씨앗을 많이 만들지 못하는 모양이다. 땅속줄기가 그런 약점을 보완해 준다. 정말 얕은 곳에서 땅속줄기를 옆으로 옆으로 뻗어 나간다. 꽃에는 황슭감탕벌 성충이 모여든다. 잎은 줄박각시 애벌레의 먹이이기도 하다. 그 외에도 알풍뎅이 등 다양한 곤충들에게 공헌하는 잡초다.

별명인 빈보카즈라'빈보'는 가난을 '가즈라'는 덩굴을 의미한다는 "가난한 집에서 자란다"라는 의미가 아니라 "손길이 닿지 않으면 생겨난다. 정원 관리도 하지 못할 정도로 게을러서는 금세 가난뱅이가 되고 만다"는 경고가 담겨 있다고 한다.

알아 두세요

땅속줄기를 파내다 보면 도중에 댕강 잘리고 말아 완벽하게 제거하기가 어렵다. 땅속줄기가 조금이라도 남아 있으면 어딘가에서 다시 자라난다. 제거하기로 마음먹었다면 땅 윗부분을 끈기 있게 베어 낼 수밖에 없다.

1 빈집 벽면을 가득 채운 거지덩굴. 2 잎은 크기가 다른 다섯 장으로 이루어졌는데 전체적인 모양이 마치 새의 다리 같다. 수목에 기어올라 광합성을 방해해 나무를 시들게 하기도 한다. 3 땅속줄기를 파내려다 도중에 잘리고 말았다. 완벽하게 제거하기는 어려우니 땅 윗부분을 끈질기게 베어 내야 한다. 4 꽃은 막대사탕처럼 아기자기하다. 꽃에는 벌·개미·파리·나비 등 다종다양한 곤충이 찾아든다. 5 거지덩굴을 먹이로 삼는 세줄박각시 애벌레도 박각시의 일종이다. 6 사마귀의 고층주택이 된 거지덩굴. 7 박각시 애벌레(갈색)는 거지덩굴을 먹고 자란다. 8 거지덩굴 꿀을 찾아 날아든 호랑나비(사진_사토 고이치). 9 뒷노랑얼룩나방 애벌레의 먹이도 거지덩굴이다. 10 뱀처럼 생긴 우단박각시 애벌레도 거지덩굴을 무척 좋아한다.

계요등

꼭두서니과 계요등속
여러해살이풀
개화 시기 7~9월
키 2~3미터
양지(주차장, 울타리, 철망)
재래종

옛날에는 구소카즈라冀葛, '구소'는 똥, '가즈라'는 덩굴을 의미한다. 오늘날 일본어로 계요등은 '헤쿠소카즈라'로 '헤'는 방귀를 뜻한다라는 이름으로 불렸고 《만요슈》일본에서 가장 오래된 가집에도 이 꽃을 노래한 구절이 있다고 한다. 어쨌든 이름은 한층 더 좋지 않은 이미지를 떠올리게 되었다. 별명인 야이토바나灸花, '야이토'는 뜸, '하나'는 꽃는 꽃 한가운데가 뜸을 뜨고 난 뒤 생긴 자국과 비슷해서 생겼다.

그러고 보면 사오토메카즈라'사오토메'는 모내기 하는 소녀를 뜻하며, 계요등 꽃을 물에 띄운 모습이 모내기를 하는 여자 아이가 쓴 모자 모양을 닮았다고 이런 이름이 붙었다라는 별명이 오히려 별나 보인다. 이런 이름이라면 좀 더 많이 사랑받지 않았을까 싶다.

잎을 문지르거나, 제초 작업하는 와중에 잡아 뜯으면 뭐라 형용할 수 없는 기분 나쁜 냄새가 난다. 정원 관리를 소홀히 하면 꽤 흔하게 생긴다. 박각시과 나방을 비롯한 다양한 곤충들의 사랑을 듬뿍 받는 풀이다. 한여름에는 봄처럼 다양한 종류의 꽃이 피지 않으므로 여름에 생생하게 피어난 계요등 꽃은 쌍살벌이나 꽃등에 등 꿀을 모으는 곤충들의 소중한 먹이가 된다. 벌꼬리박각시 애벌레가 찾아와 잎을 먹는다. 박각시 애벌레의 소중한 먹이이기도 하다.

겨울에 전정을 하면서 말라비틀어진 덩굴을 나무에서 떼어 내다 보면 벌레혹이 생겨 있다. 냄새를 맡아 보니 계요등이 틀림없다. 이는 '계요등 쓰루후쿠레후시ツルフクレフジ'라는 벌레혹으로 계요등유리나방이 만들었다. 박각시 부류도 벌레혹을 만든다는 사실에 놀랐다.

열매는 익으면 황갈색을 띠며 항균 성분을 지녔다. 옛날에는 잘 익은 열매를 깨서 즙을 내어 직접 바르거나 핸드크림에 섞어 튼 손이나 동상 걸린 부위에 바르는 등 약으로도 썼다. 잎을 짓이겨 나온 즙은 벌레 물린 데에 바르면 좋다.

알아 두세요

어쨌든 보이면 바로 잡아당겨 제거한다. 뿌리가 지표에 넓게 퍼져 있어 전부 제거하기는 어렵다. 잎으로 광합성을 하기 때문에 반복해서 제거하다 보면 점점 줄어든다. 나무를 휘감아 올라가면 나무의 광합성을 방해하기 때문에 정원 구석구석 잘 확인하고 높은 곳까지 휘감아 올라가지 않게 재빠르게 대처하는 게 좋다.

1

1 꽃 한가운데가 뜸을 뜬 자국처럼 보여서 '야이토바나(뜸꽃)'라는 별명이 붙었다. 향기가 좋았다면 좀 더 사랑받았을 것이다. 2 꽃말은 '사람이 싫어', '오해를 풀고 싶다'이다. 지당하신 말씀. 3 벌꼬리박각시 애벌레는 계요등을 먹이로 삼는다. 4 황갈색으로 변해 가는 열매에 반들반들 윤기가 돈다. 이 열매를 건조시키면 동상이나 손이 튼 데에 쓰는 약초가 된다. 5 계요등 쓰루후쿠레후시는 계요등유리나방이 만드는 벌레혹이다.

잔인한 이름

잡초 이름을 들을 때면 "너무 심한 거 아냐?" 하고 얼굴을 찌푸리게 되는 이름을 종종 접한다. 큰개불알풀은 개의 음낭을 가리키며, 약모밀의 일본 이름인 도쿠다미(일본어로 '독을 담아둔다', '독을 다스린다'는 등의 뜻이 있다)는 독을 몸 밖으로 배출해 주는 역할을 해서 붙은 이름인데 마치 독이 있어서 그런 이름이 붙은 듯한 부정적인 느낌을 준다. 털별꽃아재비의 일본 이름인 하키다메기쿠의 '하키다메'는 쓰레기장, 쓰레기통이라는 뜻이다. 계요등의 일본 이름 '헤쿠소카즈라'도 정말 가혹한 이름이라 여겼는데, 마마코노시리누구이('마마코'는 의붓자식, '시리누구이'는 밑씻개를 뜻한다. 며느리밑씻개의 일본 이름이다)에는 두 손 들었다. 꽃은 고마리처럼 귀엽지만 줄기에 사나운 가시가 돋아 있다. 의붓자식에게 밑을 훔치는 데 쓰라고 준데서 유래한 이름인 듯한데 그럴 정도로 의붓자식을 학대했다는 뜻일까? 하지만 며느리밑씻개는 이런 이름이 무색하게 많은 곤충들에게 꿀을 제공해 주는 자상한 어머니 같은 풀이다.

메꽃

메꽃과 메꽃속
여러해살이풀
개화 시기 6~9월
키 1~2미터
양지
재래종

메꽃은 덩굴성으로 직립성 풀이나 작은키나무를 휘감는다. 거의 종자로 발아하지 않고 땅속줄기로 번식한다. 무척이나 거친 잡초로, 개발 등으로 흙을 이동시킬 때 흙속에 땅속줄기가 조금이라도 남아 있으면 싹이 나온다. 《만요슈》에도 등장할 정도로 아주 오랜 옛날부터 일본에 살았으며 꽃이 예뻐 사랑받았다. 요즘에는 원예용으로 사와서 기르던 나팔꽃과 둥근잎유홍초 등이 야생화되었다. 이런 외래종은 번식력이 강해서 기를 때 더욱 주의해야 한다.

1

1 나팔꽃으로 펜스를 화사하게 장식했는데 아무쪼록 야생화되지 않도록 관리에 유의해야 한다. 2 메꽃의 꽃. 메꽃과 매우 흡사하지만 애기메꽃의 꽃과 잎은 훨씬 작다(사진_이케조에 모토코). 3 밭을 뒤덮어 수확을 방해해 문제가 되는 모미지루코우 *Ipomoea × multifida* (유홍초와 비슷한 느낌의 식물이다). 4 인기 많은 원예종 '헤븐리 블루'는 한낮까지 꽃을 피워서 벽면 녹화에 자주 쓰인다.

붉은하늘타리

박과 하늘타리속
여러해살이풀
개화 시기 7~9월
키 3~5미터
덤불이나 숲 근처
재래종

붉은하늘타리의 새빨간 열매를 보면 손을 뻗어 따고 싶다. 방 안에 장식해 두면 산이 준 훌륭한 선물을 받은 듯 바라볼 때마다 흐뭇하다. 열매 몇 알에 방 안이 환해지는 마법을 보며 소소한 행복을 맛본다. 꽃은 폈는데 빨간 열매는 맺힐 생각을 안 한다는 상담을 받은 적이 있다. 사실 붉은하늘타리는 암그루와 수그루가 있는데 수그루도 꽃(수꽃)을 피우지만 열매를 맺는 것은 암그루뿐이다(확실하지는 않지만, 그래서 '남자는 싫어'라는 꽃말이 붙었을까?)일본에서 붉은하늘타리는 '좋은 소식', '성실', '남자는 싫어' 등의 꽃말을 지녔다. 한국에서 통용되는 꽃말은 '변치 않는 귀여움'이다. 비록 정원에 수그루만 있다 해도 저녁노을이 질 무렵 펼쳐지는 환상적인 개화 쇼를 볼 수 있다면 그것만으로도 충분히 행복하다.

이름을 보고 까마귀가 좋아하는 식물인가, 하고 의아해 할 사람도 있을지 모르겠는데, 사실 까마귀는 이 열매를 좋아하지 않는다. 까마귀뿐만 아니라 새들이 이 열매를 먹은 흔적은 한 번도 본 적이 없다. 새들은 그리 좋아하지 않는 것 같다'붉은하늘타리烏瓜'의 '가라스'는 까마귀, '우리'는 박과식물을 가리킨다. 참고로 일본의 식물 이름에 까마귀가 붙었다면 이는 '크다'는 의미다.

씨앗 모양은 꼭 고양이 발바닥 모양 같다. 우치데노코즈치打出の小槌, 일본 민담이나 전설에 등장하는 도깨비가 지닌 신비한 망치랑 닮았다며 지갑에 넣어 금전운을 기원하는 사람도 있다. 커다란 열매가 땅에 떨어져 씨앗을 대지에 흩뿌린 뒤 2~3년이 지나야 꽃이 피고 열매를 맺는다.

1 덤불 속에 대롱대롱 매달린 빨간 열매가 눈에 확 띈다. 2 열매는 한겨울 집안 장식품으로 활용하기에 좋다. 잎은 말라도 열매는 오래간다.

가을이 깊어지면 덩굴을 지하로 숨겨 양분을 저장한다. 그리고 이듬해 싹을 틔울 준비를 하기 위해 덩이뿌리괴근를 만든다. 덩이뿌리에는 전분이 들어 있어 옛날에는 이 뿌리를 먹기도 했다고 한다.

별명인 아세시라즈는 옛날에 땀을 멎게 하고 싶을 때 이 식물을 이용했던 것에서 유래했다 '아세'는 땀, '시라즈'는 모른다는 의미다.

열점박이무당벌레는 가지과 식물을 좋아하는데 붉은하늘타리의 잎도 먹는다. 붉은하늘타리는 검정오이잎벌레가 먹는 풀이기도 하다.

알아 두세요

붉은하늘타리는 사람 손길이 닿는 정원에는 생겨나지 않는다. 오랜 시간 방치된 빈집 정원 등에서 자라는 일이 많다. 정원에서 빈번하게 볼 수 있는 식물은 아니기 때문에, 일부러 기르려고 심었다면 몰라도 정원에 붉은하늘타리가 저절로 생겨났다면 어떤 의미에서는 정원 관리를 소홀히 했다는 뜻이기도 하다. 만약 정원에서 붉은하늘타리를 발견했다면 정원 관리에 소홀하지 않았는지 반성해야 한다. 정원에는 어떻게든 사람 손길이 닿기 마련이니 붉은하늘타리가 번져 고생하는 일은 그리 없다. 더 이상 뻗어 나가면 안 될 것 같다 싶을 때에는 열매가 터지게 두지 말고 떨어지기 전에 따 버리면 된다.

1 수꽃은 꽃자루 부분이 볼록하지 않다(사진_요시카와 구미코). **2** 붉은하늘타리는 암수딴그루로 사진은 수꽃이다(사진_요시카와 구미코). **3** 개체에 따라 잎의 형태도 조금씩 다르다(사진_이케조에 도모코). **4** 야행성 모기가 꽃가루받이를 돕기 때문에 밤에 꽃이 핀다(사진_요시카와 구미코). **5** 씨앗은 우치데노코즈치(요술방망이)와 비슷하게 생겼다. 지갑에 넣어 두면 금전운이 생긴다는 설이 있다. **6** 아직 여물지 않은 열매로, '우리보'라고도 부른다(일본어로 새끼 멧돼지를 의미한다. 붉은하늘타리의 열매가 빨갛게 익기 전에는 노란 바탕에 초록 줄무늬를 띠고 있는데 이 모양이 새끼 멧돼지를 닮았다고 붙은 이름이다) (사진_이케조에 도모코).

송악 종류
아이비

두릅나무과 송악속
덩굴성 상록관목
키 1.5~30미터
비교적 밝은 음지
송악은 재래종, 대엽아이비외
서양송악은 외래종

1

송악 종류는 잡초가 아닌 인간이 인위적으로 심는 식물이지만 "잡초가 생기는 걸 막으려고 마렌고아이비 *Hedera canariensis*와 서양송악*Hedera helix* L.을 정원에 심었더니 그 뒤로 점점 강렬한 기세로 뻗어 나가 집까지 뒤덮을 지경이라 전전긍긍하고 있다"는 상담을 자주 받아서 거론하고자 한다. 송악 종류는 조금이라도 관리를 소홀히 하면 잡초에 뒤지지 않을 정도로 사람을 힘들게 한다. 때로는 에어컨 실외기 틈새로 숨어들어 실외기를 고장 내는 일도 있다. 겨울에도 잎이 마르지 않는다는 점은 좋지만 여름에 무성하게 자라도록 놓아두면 정원이 숨 막혀 보일 수도 있기 때문에 가끔씩 솎아 내서 통풍이 잘 되게 해 주고 집 벽을 타고 오르거나 이웃집으로 뻗어 가지 않게 주의해야 한다. 집 벽으로 뻗어 나가면 집의 통기성이 나빠지기도 하고 목조건축물은 특히 식물의 수분으로 손상을 입기도 한다. 서양에는 덩굴로 뒤덮인 건물이 흔하다. 돌이나 벽돌로 만든 건축물은 자외선으로 생기는 열화, 바람과 비를 덩굴식물이 막아 준다. 만약 담쟁이덩굴로담쟁이덩굴은 포도과 덩굴식물이다 둘러싼 집을 꿈꾼다면 집의 구조와 자재부터 근본적으로 재고해야 한다.
일본은 집 벽과 간격을 두고 친 망으로 담쟁이덩굴이 기어오르게 하는 방법을 자주 쓰는데 망이 있으면 벽의 관리가 쉽지 않다. 또한 망은 담쟁이덩굴이 타고 오르기가 쉽지 않아 뒤덮이기까지 시간이 걸린다.

알아 두세요

보기에 좋을 정도로 뻗어 나갔을 때부터 매주 한 번 정도는 '담쟁이덩굴의 날'을 정해 너무 무성해지지 않도록 솎아 준다. 그렇게 해야만 담쟁이덩굴도 빛과 바람을 확보해 병충해를 덜 입는다.

1 뒤뜰 등 눈에 띄지 않는 곳에 둔 실외기를 덩굴식물이 망가뜨리는 일도 있으니 조심해야 한다. 2 담을 타고 넘어온 상록성 덩굴식물 아이비 *Hedera helix* L.가 앞쪽으로 늘어지며 무성해졌다. 3 벽돌 벽을 기둥이 뻗어 나간 대엽아이비. 사철 늘 푸른 잎이라 겨울에도 싱그러운 초록빛을 즐길 수 있다. 4 벽에 붙은 아이비를 제거해도 수염뿌리가 남아서 미관을 해친다. 5 가을이 되면 단풍이 들고 추워지면 잎을 떨어뜨리는 낙엽성 담쟁이덩굴도 있다. 겨울의 미관은 그리 좋지 않다.

'잡초'를 주제로 만든
정원 영화
〈그린핑거스〉

비교적 자유로운 개방형 교도소에서는 수감자를 대상으로 '에덴 프로젝트'라는 원예요법을 진행하기도 한다. 에덴 프로젝트는 실제로 노숙자나 수감자를 대상으로 많이 이루어지고 있는데 영화 〈그린핑거스〉는 바로 그런 원예요법을 소재로 다루었다.
친동생을 살해한 죄로 수감된 주인공 콜린은 가족으로부터도 버림을 받아 자포자기 상태다. 교도소장은 콜린에게 다른 네 명의 수감자와 함께 정원을 가꾸라는 임무를 준다. 콜린이 지금껏 한 번도 해 본 적 없는 일이었다. 콜린은 처음에는 들은 척도 하지 않았지만 점점 꽃을 가꾸고 정원을 만들어 가는 일에서 재능을 드러낸다. 함께 작업하는 동료와도 정이 싹트고 결국에는 영국왕립원예협회 주최의 플라워쇼에 출품하기에 이른다. 플라워쇼 현장에 모여든 관람자들의 평가도 호평일색인데, 과연 이들은 금상을 거머쥘 수 있을까! 영화 후반부에는 놀라운 반전이 기다리고 있다. 스토리도 재미있지만 그들이 만든 정원의 테마가 '야생의 풀을 군데군데 끼워 넣은 고속도로 제방'이어서 놀랐다. 과연 정원을 좋아하는 영국인답다. 잡초와 야생의 풀이 지닌 아름다움을 알고 있다면 영화를 보는 즐거움이 배가된다. 참고로 '그린핑거스(초록 손가락)'는 식물을 기르는 재능이 있는 사람을 뜻한다. 마음이 참 따스해지는 영화다.

참마

마과 마속
여러해살이풀
개화 시기 7~8월
키 1~2미터
반음지, 음지의 마른 땅
재래종

가끔 정원에서 참마를 보게 될 때가 있다. 주아珠芽가 달린 걸 보고서야 참마라는 걸 알아챈다. 주아잎이 발달하지 않고 줄기가 비대해 만들어지거나, 잎이 다육질로 변해 만들어진다. 참마의 경우 잎겨드랑이에 구슬 모양으로 만들어지며, 완전한 크기로 자라면 떨어져 새로운 개체가 된다는 참마주아밥을 지어 먹거나 그대로 먹어도 맛있다. 잎은 도꼬로마와 비슷한데 동글동글한 하트 모양이면 도꼬로마, 가늘고 긴 하트 모양이면 참마다. 마는 중국 원산이며 강판에 갈면 참마보다 찰기가 적다. 재배용이어서 본래는 산과 들에 자생하지 않는데, 최근에는 야생화되고 있다.

알아 두세요

식용을 위한 참마 캐기는 농가에서 무척 고된 작업 중 하나인데, 그만큼 뿌리째 뽑기가 어렵다. 자라나면 크지 않을 때 땅에 바싹 붙여 자르고 또 자르는 일을 되풀이한다.

1 참마는 암수딴그루로 사진의 꽃은 수꽃이다. 꽃은 둥그스름하며 이 이상 열리지는 않는다. 2 주아는 생으로 먹어도 맛있다. 씨앗은 아니며 참마의 클론이다. 땅에 떨어지면 싹이 난다. 3 각시마*Dioscorea tenuipes* Franch. & Sav.의 꽃. 전체적인 분위기가 참마와 흡사하다. 4 정원에서 흔히 볼 수 있는 마른 각시마의 열매는 마치 숲의 오브제 같다. 화환을 만들 때 쓰기도 하는데 모양이 개성 있고 특이하다.

칡

콩과 칡속
여러해살이풀
개화 시기 7~9월
키 약 10미터
어디서든 잘 자람
재래종

'세계 100대 악성 침입 외래종' 중 하나다. 북아메리카에서는 제거해야 할 침략적 외래종pest plants, 페스트 플랜트으로 분류되었다. 북미에서는 제방이나 돌담의 토사 유실을 방지하기 위해, 또는 가축 사료로 쓰기 위해 일본에서 칡을 수입해 심었는데, 초기에는 크게 환영받았지만 오늘날에는 침략적 외래종으로 분류되어 대책 마련에 고심하고 있다. 일본에서도 주택 조성지나 산림의 경계 등에서 칡이 무성하게 뻗어 나간 모습을 종종 보는데, 곤충이 먹거나 인간이 꾸준히 베어 내기 때문인지 문제가 된다는 말을 들은 적은 없다. 정원에서는 거의 볼 일이 없으며 산기슭이나 강가 등에서 자란다.

1 작은 잎 세 장이 모여 하나의 잎을 이룬다. 잎 크기는 다양하다. 뿌리는 매우 깊이 박혀 있어 제거하기 어려우며, 한방에서 갈근탕의 재료로 쓴다. **2** 만약 10미터나 되는 칡넝쿨이 정원에 뻗어 있다면 정원 관리 방안을 근본적으로 다시 생각할 필요가 있다. **3** 칡의 줄기를 빨아먹는 배자바구미(오른쪽)는 구즈쿠키쓰토후クズクキツトフシラ는 벌레혹(충영이라고도 부른다. 진드기 등 곤충이 식물에 기생 또는 산란하면서 식물 조직이 이상하게 발육하는 현상을 가리킨다)(왼쪽)을 만든다. **4** 잎만 눈에 띄고 꽃은 잘 보이지 않지만 꽃이 무척 고상하고 아름답다.

환삼덩굴

삼과 환삼덩굴속
한해살이풀
개화 시기 8~10월
키 3~5미터
양지, 질소가 많은 토양
재래종

가끔 관리가 안 된 정원에서도 보이는데 대체로 황폐한 너른 들이나 하천가 등에서 자주 볼 수 있다. 8~10월에 꽃을 피우는데 이 꽃가루가 가을에 꽃가루 알레르기를 일으키는 원인이 되기도 한다.

알아 두세요

가시가 있을 뿐만 아니라 서로 뒤얽혀 있어서 제초하는 데 애먹는 식물이다. 가시에 찔리면 제법 따끔하므로 꽃을 피우기 전에 장갑을 끼고 땅 윗부분을 잡아당겨 뽑는다.

1

1 환삼덩굴은 암수딴그루다. 사진은 수꽃이다. 맥주 원료 홉과 생김새가 비슷하다 (사진_도야마 쓰토무). 2 쑥쑥 뻗어 나가는 덩굴. 줄기에는 튼실한 가시가 나 있어서 찔리면 아프다. 풀 뽑기를 할 때에는 장갑을 착용하는 편이 좋다. 3 네발나비 성충. 애벌레는 환삼덩굴을 먹고 자란다. 4 무당벌레 번데기. 성충은 환삼덩굴에 붙은 진딧물을 먹는다. 5 잎은 손바닥 모양. 부영양화富營養化(화학비료나 오수의 과도한 유입으로 영양분이 과잉 공급되어 식물이 급속하게 성장하거나 혹은 소멸하게 되는 현상)된 곳에서 잘 자란다 (사진_이케조에 도모코).

그 밖의 잡초

벼과도 덩굴성 식물도 아닌, 땅에 바투 붙어서 나는 잎은 없고, 줄기 가운데에서 잎이 나는 식물. 잎은 작은 것부터 큰 것까지 다양하지만 제초기로 깎으면 잎이 남지 않는 식물. 혹은 잎이 땅 가까이에서 나기도 하지만 땅에 찰싹 달라붙는 형태가 아니라 위로 뻗어 나가기 때문에 제초기를 쓰면 잎이 싹 없어지는 식물도 그 밖의 잡초로 분류했다. 유기농가에서는 큰개불알풀, 자주광대나물, 광대나물, 냉이(냉이는 '둥근 잎' 항목 참조), 별꽃 등이 조화롭게 자라는 밭일수록 토양의 상태가 양호하다고 말한다.

고마리

마디풀과 여뀌속
한해살이풀
개화 시기 7~10월
키 30~100센티미터
습한 곳
재래종

우리집 정원 한 모퉁이에는 작은 내가 흐른다. 냇가, 해가 거의 들지 않는 축축한 땅에 8월 말쯤부터 앙증맞고 어여쁜 연분홍색 꽃이 무리지어 핀다. 고마리다. 고마리의 일본 이름 미조소바는 물기 많은 미조도랑 근처에서 자라며 잎이 소바메밀와 닮은 데에서 유래했다고 한다. 별명인 우시노히타이는 잎 모양이 소의 이마를 닮았다고 해서 붙었다 '우시'는 소, '히타이'는 이마를 뜻한다. 예전에는 논밭 용수로 등에 군락을 이루었는데 요즘은 대부분 콘크리트로 뒤덮여 있으니 수가 확 줄어든 것 같다. 다행히 우리가 사는 곳에는 하천이 많아 아직 여기저기서 고마리를 많이 볼 수 있다.

진분홍색 꽃망울은 꽃이 피면서 점점 연분홍색으로 변하다가 만개하고 나면 하얀색으로 변한다. 메밀꽃이랑 닮았다. 따뜻한 해에는 11월까지 피기도 한다. 고마리는 흙속의 카드뮴을 흡수한다. 그렇다고 고마리가 자라는 땅이 카드뮴에 오염되어 있다는 뜻은 아니다.

고마리와 똑 닮은 풀로 며느리밑씻개가 있다. 며느리밑씻개는 자세히 보면 줄기에 작은 가시가 나 있어서 모르고 만졌다가는 따갑다고 비명을 지를 수도 있다. 그래서 이런 이름이 붙었나 싶은데 아동학대가 문제가 되는 오늘날의 현실을 떠올리니 측은한 마음이 든다며느리밑씻개의 일본 이름은 마마코노시리누구이로 의붓자식에게 밑을 닦으라고 주던 풀이라는 의미다. 아동학대는 옛날부터 있었다는 사실을 알려 주는 것 같기도 해 복잡한 심경에 사로잡힌다. 한국 이름인

며느리밑씻개 또한 섬뜩하다.

고마리와 닮은 풀로 미꾸리낚시도 있는데 직접 본 적은 없다. 이 풀 또한 가시가 나 있으며 잎의 형태는 원추형이다. 가시로 미꾸리를 낚는다고 해서 이런 이름이 붙은 듯하다.

1 우리집 정원 한 구석 습기가 많은 곳에 자라난 고마리를 닮은 꽃. 고마리 꽃은 피기 시작했을 때에는 분홍색이었다가 점점 하얗게 변해 간다. 2 축축한 곳에 군생하는 고마리. 정원에 고마리가 자란다면 땅에 습기가 많다는 의미다. 3 며느리밑씻개의 꽃. 고마리와 닮았지만 하나의 꽃줄기에 달린 꽃의 수가 적다. 4 고마리 꽃은 끝부분이 진분홍빛을 띤다. 5 고마리(왼쪽)는 줄기가 빨갛지 않고 며느리밑씻개(오른쪽)는 줄기에 붉은 빛이 돈다. 6 고마리(오른쪽) 잎은 둥그스름한 편이며 며느리밑씻개(왼쪽)는 삼각형에 가깝다. 7 며느리밑씻개를 먹는 검정날개거위벌레(약 5밀리미터). 8 며느리밑씻개에는 자잘한 가시가 붙어 있다. 이걸로 밑을 닦으면 정말 아플 것이다.

광대나물

꿀풀과 광대수염속
가을 발아 한해살이풀(두해살이풀)
개화 시기 3~6월
키 10~30센티미터
비옥한 양지
재래종

봄이 되면 분홍색 꽃과 부처님이 앉는 대좌와 같은 둥근 잎이 특징인 광대나물이 유독 눈에 띈다. 잎이 계단식으로 나 있어서 삼층초 三階草라고도 부른다. 광대나물은 일곱 가지 봄나물 중 하나인데 먹으면 구토나 설사를 유발할 수도 있다고 한다. 사실 일곱 가지 봄나물에 들어가는 광대나물은 오늘날 '개보리뺑이'라는 이름으로 불리는 풀을 가리킨다. 무슨 연유에서인지 개보리뺑이가 광대나물로 잘못 알려졌다.

초봄부터 꽃을 피우는데 꽃은 두 가지 방식으로 꽃가루받이를 한다. 곤충의 도움을 받는 딴꽃가루받이와 제꽃가루받이다. 분홍색 꽃을 자세히 들여다보면 꽃이 열려 있는 것과 둥글게 닫혀 있는 것이 있다. 닫혀 있는 꽃은 제꽃가루받이를 하는 폐쇄화로 꽃잎이 열리지 않은 채 꽃이 진다.

광대나물 꽃에도 엘라이오솜이 있어서 개미가 씨뿌리기를 돕는다. 광대나물은 병충해를 잘 입지 않는 편이지만 흰가루병에는 잘 걸리기 때문에 광대나물을 꺼려하는 사람도 있다. 하지만 균의 세계도 다양해서 흰가루병 또한 각각의 숙주에 따라 균의 종류가 다르다. 광대나물에 생기는 균은 '광대나물 흰가루병균'이다. 균은 여러 수종에 걸쳐 나타나기도 하지만 같은 종속의 나무에만 나타나기도 한다. 이를테면 '단풍나무 흰가루병균'은 단풍나무 '쇼조노무라'노무라단풍, 단풍나무 '신데쇼죠'출성성단풍, 고로쇠나무 등 같은 단풍나무속에만 생겨난다.

1 11월, 자갈이 깔린 통로에서 봄을 기다리는 광대나물. **2** 열린 꽃은 꽃가루받이를 위해 곤충의 방문을 기다린다. **3** 3월부터 장마 무렵까지 피는 광대나물의 꽃. **4** 수수하면서도 세련된 생김새의 박하잎벌레. 크기는 7.5~9밀리미터이며 광대나물 잎을 먹는다. **5** 십이흰점무당벌레는 흰가루병균을 먹는다. **6** 흰가루병에 걸린 광대나물. 수목에는 옮기지 않는다.

배롱나무에는 '배롱나무 흰가루병'이라는 균이 있고 장미에는 '장미 흰가루병'이라는 고유의 균이 있으니 배롱나무나 장미 옆에서 자라는 광대나물이 흰가루병에 걸렸다 해도 다른 종에 균을 옮기지는 않는다.

어쩌면 광대나물이 가장 빨리 흰가루병에 걸려서 흰가루병균을 먹는 십이흰점무당벌레를 정원에 불러들여 장미 등의 원예종에 흰가루병이 생기는 것을 방지해 줄지도 모른다(일종의 천적유지식물을 이용한 방법이다. 280쪽 참조). 한편, 미에대학의 다카마쓰 준 교수는 오이의 흰가루병균은 광대나물에도 발생하며 서로 오간다는 사실을 밝혀 냈다. 텃밭에 오이를 키우고 있다면 광대나물에 주의하는 게 좋다. 오이의 흰가루병균은 해바라기, 백일홍, 봉선화, 깨풀에도 기생할 수 있다고 하니 흰가루병균이 이 식물들과 광대나물 사이를 오갈 가능성도 있다.

박하잎벌레라는 예쁜 잎벌레가 광대나물 잎을 먹는다고 하는데 실제로 본 적은 없다.

기온이 영하로 떨어진 어느 겨울 오전에 풀뽑기를 하다 광대나물을 발견했다. 1센티미터 정도 자라난 줄기 끝에 꽃망울을 매단 모습에 마음이 설레었다. 추위에 웅크리지 말고 힘내라고 격려해 주는 것 같았다.

알아 두세요

비실비실한 모습이 연약해 보인다고 얕잡아 보았다가는 도중에 줄기가 잘려 낭패를 보기 쉽다. 뿌리가 의외로 단단하므로 뿌리째 파내는 게 좋다.

까마중

가지과 가지속
한해살이풀
개화 시기 8~11월
키 30~60센티미터
어디서나 잘 자람
재래종

까마중은 이름이나 존재가 잘 알려지지 않았지만 여기저기서 흔히 볼 수 있다. 만약 집 앞 텃밭에 까마중이 있다면 당신에게는 큰 행운이다. 왜냐하면 가지과 식물을 갉아먹는 이십팔점박이무당벌레와 루이요마다라무당벌레가 까마중을 엄청 좋아하기 때문이다. 토마토보다도 까마중을 좋아한다는 보고도 있다. 또한 심근성이어서 뿌리가 흙을 일구어 주어 밭과 화단의 식물 생육을 촉진한다. 하지만 인간에게는 유독식물이므로 조심해야 한다. 외래종인 오오이누호오즈키 *Solanum nigrescens*와 매우 비슷하다. 미국까마중 꽃은 보랏빛을 띤다. 까마중이랑 닮은 풀로 도깨비가지도 있는데, 도깨비가지는 잎과 줄기에 가시가 빼곡해서 어딜 만지든 쓰리고 아프다.

1 까마중 열매(사진_말리 타나베). 2 재래종인 까마중은 열매와 꽃이 모여 있지 않아 산산이 흩어진 느낌이 든다(사진_말리 타나베). 3 가지과 식물을 먹이로 삼는 루이요마다라무당벌레는 이십팔점박이무당벌레와 함께 까마중의 잎과 줄기를 갉아먹는다. 왼쪽은 번데기의 모습. 4 오오이누호오즈키는 남미에서 온 외래종이다. 까마중과 똑같이 생겼지만 꽃과 열매가 달리는 방식이 약간 다르다.

끈끈이대나물

석죽과 장구채속
한해살이풀 또는 두해살이풀
개화 시기 5~6월
키 30~60센티미터
양지
외래종 - 유럽 원산, 에도시대 말기
(19세기 초)

유럽 원산으로 원예용으로 들어왔는데 야생화되었다. 줄기 마디 아래쪽으로 점액이 분비되는 부분이 있어서 작은 벌레를 잡을 수 있다. 하지만 식충식물은 아니어서 벌레를 먹지는 않는다. "벌레를 잡아 벌레가 잎을 갉아먹지 못하게 하려는 것이다", "꽃가루받이를 도와주는 벌에게 줄 꿀을 개미가 빼앗아 가지 못하게 하려는 것이다" 등의 설이 있지만 어디까지나 추측일 뿐 진짜 이유는 밝혀지지 않았다. 얼마 전 군락을 이루어 꽃이 핀 모습을 보았는데 사랑스럽기 그지없는 풍경에 넋을 잃을 정도였다. 그래서 뽑히지 않은 채 자리보전하면서 점점 세력을 확장해 가는 것이 아닐까.

1

1 길가를 따라 꽃을 피운 끈끈이대나물. 2 꽃이 예뻐서 뽑지 않고 남겨 두었더니 세력을 점점 확장해 갔다. 3 줄기 마디에서 점액을 분비해 작은 벌레를 잡아 벌레가 잎을 갉아먹지 못하게 하는 것 같다.

망초

국화과 망초속
가을 개화 한해살이풀(두해살이풀)
개화 시기 7~10월 무렵
키 1~2미터
장소를 가리지 않음
외래종 - 북미 원산, 메이지시대
(1868~1912년, 19세기)

건조에 강하고 토질을 가리지 않아 어디서나 잘 자라며 4~11월 무렵까지 오래도록 볼 수 있다. 철도 선로를 따라 퍼져 나가서 '철도초'라는 별명이 붙었다. 제초제에 내성을 지니고 있다. 남미 원산의 큰망초와 똑 닮아서 구분이 어렵다. 게다가 둘이 섞여 자라는 일도 많다. 굳이 차이점을 찾자면 망초는 왠지 하얀 느낌이며, 큰망초는 자연의 소박함을 가득 머금은 듯한 느낌이다. 둘 다 외래생물법 요주의 외래생물이다.

알아 두세요

줄기 밑쪽을 잡고 쑥 잡아 빼면 쉽게 뽑힌다. 그게 귀찮다면 땅에 바짝 붙여 풀베기를 한다.

1 꽃이 필 때 끄트머리 부분이 갈라지면서 수많은 꽃을 피운다. 2 제초제에 내성을 지니고 있어서 여기저기 어디서든 자란다. 3 키가 2미터나 되는 망초도 있다. 토질을 가리지 않는다(사진_와타나베 아키히코). 4 뿌리가 우엉처럼 생겼지만 깊이 뿌리내리지는 않아서 쉽게 뽑힌다. 5 12월 하순, 씨앗을 달고 있는 망초. 6 잔털이 촘촘히 나 있어 하얗게 보인다.

머위

국화과 머위속
여러해살이풀
개화 시기 3~5월
키 50~60센티미터
장소를 딱히 가리지 않지만
나무 밑 반음지를 특히 좋아함
재래종

머위는 마을 뒷산에 자라는 산나물이라는 이미지가 강해서 정원에 머위가 있다고 하면 놀랄 수도 있다. 도시의 정원에서는 찾아보기 힘들지만 지역에 따라서는 정원에서도 머위를 종종 볼 수 있다. 추위에 강하고 매우 튼튼해서 한번 뿌리를 내리면 땅속줄기를 쑥쑥 뻗으면서 세를 확장해 간다.

요리에 쓰고 싶어서 머위를 얻어 와 정원에 심었더니 언제부턴가 손쓸 수 없을 정도로 무성해졌다고, 어떻게 하면 좋겠냐고 문의를 해 오는 분도 있다. 머위의 거대한 잎이 정원을 점령해서 정원이 비좁아 보이고 정원 같지 않다고 한탄하면서 말이다. 잎이 크니 주택가의 코딱지만 한 정원에는 일부러 심지 않는 편이 좋다.

머위는 식용작물로 유명하지만 땅속줄기 부분에는 독이 있으므로 땅 위의 부분만 먹는 게 좋다. 땅속줄기는 먹지 않도록 주의해야 한다. 머위는 초봄에 꽃을 피운다. 연초록색 머위꽃은 머위꽃된장이나 머위꽃튀김을 만들어 먹는데, 그 맛이 일품이니 작은 꽃봉오리 상태일 때 따서 먹어 보자. 그러면 머위가 순식간에 줄기를 뻗어 나가는 일을 방지할 수 있다. 꽃이 진 뒤 잎이 나오는데 잎은 데쳐 먹거나 간장에 졸여 먹으면 맛있다. 우리집에서는 정원의 머위가 제철 반찬으로 사랑받는다.

땅 윗부분에서 둥근 잎까지의 부분을 줄기라고 부르곤 하는데 이 부분은 사실 잎자루다. 잎자루뿐 아니라 잎도 먹을 수 있지만 잎은 쓴맛이 강하다. 비슷한 식물로 털머위가 있다. 털머위는 사철 잎이 푸르며 가을에 노란 꽃을 피우는데 꽃에는 꽃등에가 잘 찾아든다.

알아 두세요

잎이 무성해지면 솎아 준다. 더 이상 머위를 키우고 싶지 않다면 뿌리줄기를 뽑는다. 뿌리줄기는 그리 깊이 내려가지 않지만 땅속줄기가 옆으로 뻗기 때문에 완전히 없애기는 어렵다. 겨울이 되면 땅 윗부분은 다 말라 버린다.

잎은 천연 화장지	옛날에는 볼일을 본 뒤, 뒤를 닦을 때 머위 잎을 쓰기도 했는데 '후키'라는 이름은 여기서 유래했다. 사진가이자 분토糞土 연구회 대표인 이자와 마사나는 머위 잎에게 5점 만점에 4점을 주었다고 한다(참고로 화장실용 휴지는 3점). 후지산이 세계자연유산이 되지 못했던 이유는 화장실용 화장지 때문이라는 말이 있다(일본은 2003년 후지산의 세계자연유산 등재를 추진했으나 후지산 일대 화장실 분뇨와 화장지 때문에 환경오염이 심해 탈락했다. 후지산은 2013년 세계문화유산으로 지정되었다). 화장지를 만들 때 쉽게 찢어지지 않게 하려고 강화제를 쓰는데 그 때문에 화장지는 잘 분해되지 않는다. 화장지를 대신해 머위 잎으로 엉덩이를 닦는다면 무엇보다 생태적인 삶이 되지 않을까 싶다. 쑥도 묶어서 쓰면 향도 좋고 쓰기도 편하다고 한다.

1 잎은 손바닥보다 크다. 종이가 귀하던 시절, 볼일을 본 뒤 머위 잎으로 뒤를 닦았던 데에서 '후키'라는 이름이 붙었다고도 한다(머위의 일본 이름은 '후키'로 닦는다는 의미다).
2 자생하는 머위는 식용 머위처럼 키가 크지 않다. 정원에서 키우기에는 공간을 많이 차지하기도 하고 번식력도 강하다. 3 털머위 *Farfugium japonicum* (L.) Kitam.는 상록 식물로 원예용으로 많이 키운다. 잎이 윤이 나고 두꺼워서 쉽게 구분할 수 있다. 4 머위 꽃이 피면 바로 따자. 요리에 활용할 수도 있고 번식력도 억제할 수 있다.

명아주

명아주과 명아주속
한해살이풀
개화 시기 9~10월
키 60~150센티미터
밭, 빈터, 황무지
재래종

흰명아주

명아주과 명아주속
한해살이풀
꽃피는 시기 9~10월
키 60~150센티미터
밭, 빈터, 황무지
재래종(선사시대 귀화식물)

명아주를 만나기가 이렇게 어려울 줄이야. 흰명아주는 드문드문 보이는데 명아주는 눈 씻고 찾아봐도 없다. 20년 전쯤에는 명아주가 흰명아주보다 드물기는 해도 간혹 보였다. 명아주가 점점 사라져 가는 것일까? 아니면 곳에 따라서는 아직 흔할까? 옛날에는 명아주로 지팡이를 만들어 유용하게 썼다고 한다. 얼핏 보기에도 남다른 위엄이 느껴진다.

끝머리 부분이 빨간색이면 명아주, 흰색이면 흰명아주다. 가을이 되면 큰 포기의 경우 한 포기에 흰명아주는 20만 개, 명아주는 30만 개의 씨앗을 만든다. 씨앗 수명이 길어서 흰명아주 씨앗은 30년이나 간다고 한다.

명아주는 한꺼번에 싹을 틔우지 않고 해마다 조금씩 싹을 틔운다. 막 싹을 틔웠을 때에는 아주 조그맣다.

처음에는 생장 속도가 느리지만 어느 정도 발육하면 빠른 속도로 자란다. 이렇게 매해 조금씩 발아하는 특성도 명아주를 흔히 볼 수 없는 이유의 하나일 것 같다.

조지프 코캐너의 《잡초의 재발견》을 보면 명아주는 무와 당근의 생육을 도우며 토마토 밭에서는 벌레가 갉아먹는 것을 막아 준다고 한다. 화단에서도 흰명아주는 동반식물로 활약한다.

남생이잎벌레가 흰명아주와 명아주를 먹는다. 정원에서는

1 명아주는 끄트머리가 빨갛다(사진_이케타케 노리오). 2 명아주는 풍매화여서 꽃가루 알레르기의 원인이 된다(사진_이케타케 노리오). 3 명아주 줄기는 나무줄기 같아 뽑기가 힘들다(사진_이케타케 노리오). 4 흰명아주 한 포기가 20만 개의 씨앗을 만든다. 만드는 씨앗 수는 명아주보다 적지만 왠지 요즘은 흰명아주가 훨씬 많이 보인다. 5 흰명아주. 막 싹을 틔웠을 때에는 쉽게 뽑을 수 있지만 크게 자라면 잘 뽑히지 않는다.

남생이잎벌레가 흰명아주와 명아주만 먹고 다른 식물을 먹지는 않아서 그리 신경 쓰지 않아도 되지만 명아주과의 사탕무sugar beet를 키우는 농장이라면 주의해야 한다.

알아 두세요

크게 자라기 전에 뽑기만 하면 되니 제초는 간단하다. 하지만 성장할수록 뿌리를 단단히 뻗어서 뽑기가 힘들다. 흰명아주와 명아주는 황무지나 빈터에 생겨난다고 하니 정원에 나타났다면 정원 관리를 소홀히 하지 않았나 반성해 볼 일이다.

재래종 식물의 재발견

그동안은 하천이나 도로 등의 녹화사업에 외래종 식물을 주로 이용했는데 요즘 이를 재래종으로 바꾸려는 움직임이 일고 있다(《도쿄신문》 2010년 7월 5일자). 지금까지 녹화식물로 이용했던 식물 가운데 12종이 '생태계 교란 외래 식물' 목록에 이름을 올리기도 해서 종합적인 검토를 진행하고 있다. 하지만 외래종의 침입으로 이미 사라진 재래종도 많고 재래종만으로는 녹화를 제대로 하기 어려운 측면도 있다. 앞으로 재래종에 대한 관심이 고조되어 외래종을 무턱대고 들여오는 분위기가 점차 사라지면 원예종 또한 바뀌어 갈 것이다.

미국자리공

자리공과 자리공속
여러해살이풀
개화 시기 6~10월
키 1~2미터
음지를 더 선호함
외래종 - 북미 원산, 메이지시대 초기
(1870~1880년대)

정원사에게 미국자리공만큼 복잡미묘한 기분이 들게 하는 풀은 없다. 개성적인 외양은 그림으로 그리고 싶을 정도이며, 실제로 그림의 소재로 쓰이는 일도 많다. 열매의 즙이 작업복을 적보라색으로 물들여 놓곤 하는데 잘 지워지지 않는다. 해외에서는 '잉크 베리'라는 속칭으로 불린다고도 한다. 그런 까닭에 염료로도 쓰인다.

알알이 먹음직스럽게 열린 열매에 현혹되어 덥석 입에 대서는 절대 안 된다. 독이 있기 때문이다. 열매뿐만 아니라 잎과 줄기에도 모두 독이 있다고 알려져 있다. 특히 우엉 모양처럼 생긴 뿌리는 독성이 강하다. 자료에 따라서는 '열매는 무독'이라고 기술된 것도 있지만 무서워서 입에 대 볼 용기는 안 난다. 먹지만 않는다면 만지는 것은 괜찮다. 정원사로 일하는 동안 손으로 수없이 뽑아 보았지만 피부가 따갑거나 가려운 적은 한 번도 없었다. 최근에는 개성적인 모습 때문인지 꽃꽂이용 꽃으로 화훼전문점에서 인기를 끌고 있다. 홋카이도에서는 화분에 심어 판매하기도 한다.

알아 두세요

의외로 손쉽게 뽑힌다. 줄기 밑쪽을 잡아 위로 당기면 너무 쉽게 쑥 뽑혀 맥이 빠질 때가 있다. 하지만 크게 자라면 뽑기 어렵다. 쉽게 뽑히지만 단단한 땅에서는 그렇지 않다. 그럴 때는 열매가 달리기 전에 밑동을 잘라 준다. 너무 부드러운 토질에서는 자라지 않는 걸 보니 단단한 흙을 뿌리로 일구어 주는 것이리라. 해마다 뽑아 주면 군생하는 일이 없으며 그러는 사이에 더 이상 자라지 않게 된다. 정원에 미국자리공이 생겼다면 아마도 새의 똥 등에서 나온 씨앗이 발아한 것일 수도 있다.

1 조각가가 다듬어 놓은 듯 아름답다. 잎도 크고 부드럽다. 홋카이도에서는 화분에 심어 팔기도 한다. 2 열매가 막 열렸을 때의 모습. 뿌리는 우엉처럼 생겼으며 커지면 뽑기 어렵다. 3 열매는 염료로도 쓰이며, 영어로 '잉크 베리'라고도 부른다. 옷에 묻으면 지워지지 않는다(사진_도야마 쓰토무). 4 꽃이 진 뒤 초록색 열매가 달리고, 점점 검붉은 색으로 익어 간다.

까마귀와 참새가 붙은
식물 이름

식물 이름에는 새를 비롯해 동물 이름이 붙은 것이 많다. 이를 테면 가라스우리(한국 이름은 붉은하늘타리로, '가라스'는 까마귀를 뜻하며 '우리'는 박과 식물을 의미한다), 가라스노엔도(한국 이름은 가는살갈퀴로, '엔도'는 완두를 뜻한다), 스즈메노엔도(한국 이름은 새완두로, '스즈메'는 참새를 의미한다), 스즈메노카타비라(한국 이름은 새포아풀로, '가타비라'는 홑옷을 뜻한다), 스즈메노텟포(한국 이름은 뚝새풀로 '텟포'는 총을 뜻한다) 등이 있다. 가라스(까마귀)가 붙으면 '크다', '당당하다'는 의미가, 스즈메(참새)가 붙으면 '작다'는 의미가 있다. 이누타데(개여뀌), 이누호즈키(까마중) 등 '이누(개를 의미한다)'가 붙은 이름도 많은데, 이때 개는 '도움이 되지 않는 것'이라는 의미다. 개는 집을 지키고 사냥할 때도 활약하는데 무슨 근거로 도움이 안 된다고 했는지 개띠로서 조상들께 한번 따져 묻고 싶다. 이 밖에도 기쓰네노마고(한국 이름은 쥐꼬리망초로, '기쓰네'는 여우, '마고'는 손주를 의미한다), 부타나(한국 이름은 서양금혼초로, '부타'는 돼지, '나'는 나물을 뜻한다), 네코하기(한국 이름은 괭이싸리로, '네코'는 고양이, '하기'는 싸리를 뜻한다), 네코자라시(한국 이름은 강아지풀이다) 등도 있다. 무엇보다 팬더스미레라는 이름을 듣고 깜짝 놀랐다. 이는 외래종 제비꽃을 의미하는데, 정식 명칭은 비올라 헤데라케아로 팬더의 이미지와는 거리가 멀다.

1 완두(왼쪽)와 가는살갈퀴(오른쪽)

별꽃 종류

석죽과 별꽃속
가을 발아 한해살이풀(두해살이풀)
개화 시기 3~9월
키 10~20센티미터
반음지로 습기가 있는 곳
초록별꽃은 재래종,
별꽃과 쇠별꽃은 외래종

일곱 가지 봄나물 중 하나다. 별명인 히요코구사 '히요코'는 병아리, '구사'는 풀이라는 의미다에서도 알 수 있듯 닭이나 작은 새들의 먹이가 된다. 에도시대1603~1868년, 17~19세기에는 잘 말린 잎에 소금을 섞어 볶아 양치할 때 썼다고도 한다. 치조농루 치료에 효과가 있어서 지금도 별꽃을 넣은 치약이 나온다.

3~9월 무렵까지 끊임없이 작고 하얀 꽃을 피운다. 일본의 재래종은 초록별꽃이다. 최근 정원에서는 외래종인 별꽃 혹은 쇠별꽃이 많이 보인다. 경작하지 않고 놔둔 집 앞 텃밭 등에 생기는 걸 보니 너무 단단하지도 너무 부드럽지도 않은 적당히 다져진 비옥한 땅을 좋아하는 것 같다.

잘게 썰어 된장국을 끓이거나 다마고토지끓는 국에 달걀을 풀어 넣어 채소, 고기 등의 건더기를 부드럽게 싸듯이 만든 요리를 만들면 맛있다고 하기에 해 보았는데 이미 꽃대가 생긴 뒤여서 그랬는지 쌉쌀한 맛이 강해 먹을 수가 없었다. 제초는 간단하다! 손으로 뽑으면 된다.

1 보드라운 초록색 잎을 지닌 초록별꽃. 곳에 따라서는 1년 내내 꽃과 열매를 볼 수 있다. 지면을 기듯이 뻗어 나가기도 하는데 의외로 손쉽게 뽑힌다. 2 별꽃은 외래종으로 줄기가 붉은 빛을 띠며 초록별꽃에 비해 좀 더 작다. 최근에는 두 개체의 구분이 쉽지 않다(사진_와타나베 아키히코).

분꽃

분꽃과 분꽃속
한해살이풀 혹은 여러해살이풀
개화 시기 7~11월
키 60~100센티미터
양지
외래종 - 남미 원산, 에도시대 중기
(1700년대)

이 식물의 꽃을 보면 어린 시절이 떠오른다. 나팔처럼 생긴 화려한 색의 꽃을 만나면 소꿉친구라도 만난 듯이 반갑기 그지없다. 어릴 적 씨앗을 잘라 그 속의 하얀 가루를 화장 분처럼 가지고 놀아서 그런지도 모르겠다. 요즘에는 옛날만큼 흔하지 않은데 주택이 밀집하면서 양지바른 곳이 줄었기 때문인지도 모르겠다. 아니면 낮에는 피지 않으니 별 볼 일 없다고 뽑아 버려서일 수도 있고, 요즘 아이들이 분꽃을 가지고 놀지 않아서인지도 모르겠다. 저녁 무렵부터 꽃을 피우는 데도 해가 잘 드는 곳을 선호한다. 저녁부터 활동하는 박각시나방이 꿀을 찾아 모여들기도 하는데, 곤충이 찾아오지 않으면 분꽃은 제꽃가루받이를 해서 씨앗을 만든다. 왜 밤에 피는지는 아직까지 밝혀지지 않았다. 보랏빛을 띤 진분홍, 노랑, 하양 등 꽃 색깔이 다양하며 개중에는 이런 색들이 얼룩덜룩 섞여 있거나 혼합된 꽃을 피우는 종도 있다.

1 꽃 하나에 반은 핑크, 나머지 절반은 노란색인 것도 있고 알록달록한 꽃, 단색인 꽃도 있다. 2 한낮에 꽃이 피었다면 좀 더 많은 사랑을 받았을지도 모르겠다. 3 해가 떠오르면 꽃잎을 닫는 분꽃. 11월 무렵까지 핀다. 4 아직 꽃봉오리도 생기지 않은, 한참 자라고 있는 분꽃. 5 씨앗을 자르면 하얀 가루가 들어 있다. 6 꽃이 지면 둥글고 검은 씨앗이 생긴다.

밭두렁의 잡초

지금이야 밭두렁을 콘크리트로 메운 곳이 많지만 옛날에는 밭과 밭 사이 경계를 흙을 단단히 다져 만든 낮은 제방으로 구분했다. 이때는 잡초들이 제방이 무너지지 않게 흙을 잡아 주는 역할을 했다. 제방과 밭두렁에는 석산이나 풋콩을 심었다. 석산은 유독식물이지만 뿌리를 씻으면 비상식량으로 쓸 수 있어 에도시대 때 기아에 허덕일 때 이 꽃이 밭두렁에 심어져 있던 마을에서는 사람들이 그나마 목숨을 부지했다고 한다. 호박을 심기도 해서 '제방 호박'이라는 이름이 생겨났다는 설도 있다. 유기농가의 밭두렁을 걷다가 개구리와 수많은 곤충을 보고 깜짝 놀랐다. 잡초를 적으로 삼지 않는 농법이 훨씬 널리 퍼져 나가길 소망해 본다.

분홍낮달맞이꽃

바늘꽃과 달맞이꽃속
여러해살이풀
개화 시기 5~8월
키 30~60센티미터
배수가 잘 되며 다소 건조한 양지
외래종 - 북미 원산, 다이쇼시대 말기
(1920년대)

메마른 땅에서도 잘 자라며, 더위나 추위에도 강하고 병충해에도 강한, 정말 손이 갈 데가 없는 풀이다. 경사면의 토사 유실 방지를 위해 씨앗을 뿌리는 식물인데 정원에까지 진출했다. 달맞이꽃이라고 했으니 이름대로라면 저녁 무렵에 꽃이 피어야 하겠지만 일부러 낮이라는 말을 붙인 데서 알 수 있듯 낮부터 핀다.

다자이 오사무의 단편소설 '부악백경富嶽百景'을 보면 "후지산에는 달맞이꽃이 잘 어울린다"라는 구절이 나오는데 여기에 등장하는 꽃은 노란색꽃을 피우는 큰달맞이꽃이다. 요즘 정원에는 애기분홍낮달맞이꽃이 압도적으로 늘고 큰달맞이꽃은 거의 볼 수 없다. 같은 북미 원산의 외래식물이지만 세력을 뻗어 나가는 것도 있고 쇠락해 가는 것도 있다.

분홍낮달맞이꽃은 키도 딱 알맞고 꽃 색깔도 연분홍인데다가 큰 꽃송이가 눈에 확 띄어서 정원에 분홍낮달맞이꽃이 몰래 자리를 잡아도 그대로 두는 사람이 많다. 그래서 더욱 세력을 확장해 가는지도 모르겠다.

1 애기분홍낮달맞이꽃(206쪽)과 정말 똑같이 생겼지만 꽃이 훨씬 크다. 2 장마 기간 중 어느 맑은 날 무리지어 핀 분홍낮달맞이꽃. 3 메이지시대 초기(1870~1880년대)에 들어온 큰달맞이꽃 Oenothera erythrosepala Borbás. 4 1920년대에 북아메리카에서 감상용으로 도입되어 야생화된 달맞이꽃 Oenothera biennis L..

섬모시풀

쐐기풀과 모시풀속
여러해살이풀
개화 시기 7월 말~10월
키 60~150센티미터
제방, 하천 근처, 풀밭에 군생
재래종(선사시대 귀화식물)

이 풀의 줄기를 쪄서 섬유를 얻었기 때문에 이런 이름이 붙었다고 한다. 섬모시풀은 인가 옆 작은 하천 근처 등에서 군락을 이루는 일이 많은데, 우리집이 바로 그런 곳이다. 작은 하천 제방 여기저기에서 잘도 자란다. 하지만 정원에서는 본 적이 거의 없다. 섬모시풀에는 모시긴하늘소라는 생김새도 특이하고 색도 예쁜 작은 하늘소가 자주 찾아온다. 모시긴하늘소의 일본 이름은 라미카미키리인데 '라미'는 중국, 브라질, 필리핀, 인도네시아 등에서 재배되는 쐐기풀과의 식물로 줄기에서 섬유를 채취해 쓴다. 이 곤충은 외래종인 것 같은데, 본래는 서일본에 서식했다. 요즘은 북상하고 있는지 우리집 근처에서도 흔히 보인다. 겨울의 평균 기온이 4도 이상이면 정착할 수 있다는데 산간부에 위치한 우리집도 점점 따뜻해지고 있는 모양이다. 비슷한 풀로는 쐐기풀과 거북꼬리가 있다.

1 7~10월 무렵 눈에 잘 띄지 않는 작은 꽃을 피운다. 2 부드러운 잎이 빛이 드는 동안 시들어 있다. 옛날에는 줄기를 쪄서 섬유를 채취했다고 한다. 3 밤나방과의 뒷노랑수염나방 애벌레는 섬모시풀 잎을 먹고 자란다. 4 모시긴하늘소는 외래종으로 서일본에서만 서식했는데 최근에는 간토 지방에서도 흔히 보인다.

쇠뜨기

속새과 속새속
포자로 증식하는 여러해살이풀
키 20~40센티미터
산성 토양 선호
재래종

쇠뜨기 종류는 원시적인 식물로 3억 년 전에는 15미터 높이까지 자랐다고 한다. 산성 토양을 특히 좋아하고 마른 땅에서 잘 자란다. 새로 조성된 땅 등에 처음으로 발을 들이는 식물이기도 하다. "아닌데, 축축한 땅에서도 자라던데!"라고 반론하는 사람도 있는데 그건 습한 곳을 좋아하는 개쇠뜨기다. 종류가 다르다.

식물은 대부분 꽃을 피워 자손을 남기지만 독특하게도 쇠뜨기는 꽃을 피우지 않는다. 사실 쇠뜨기는 고사리 종류와 친구 사이다. 씨를 만들지 않고 포자로 증식한다. 꽃을 피우는 일반적인 풀과 똑같이 취급할 수는 없다.

요즘엔 뱀밥이라는 말을 들어본 사람이 거의 없을 것이다. 예전에는 하천 제방 등에서 흔하게 볼 수 있었는데 말이다. 쇠뜨기의 땅속줄기에서 뱀밥이 생겨나 포자로 증식해 간다. 뱀밥이 나오는 곳은 아직 쇠뜨기가 군락을 이루지 않은, 해마다 군생하는 곳과는 조금 떨어진 곳이다. 영역을 확대해가기 위해 뱀밥이 길을 낸다.

쇠뜨기는 많은 양의 칼슘을 지니고 있어서 마른 쇠뜨기를 땅에 주면 산성 토양을 중화하는 역할을 한다. 아카미네 가쓰토가 쓴 《당근에서 우주로》라는 책을 보면 쇠뜨기 군락에서 당근이 튼실하게 잘 자랐다는 이야기가 나온다. 당뇨병, 신장염, 결석, 간장염 등 많은 약효가 있다고 알려진 풀이라 흙을 개량해 주는 공로 정도는 거론조차 하지 않는지도 모르겠다. 산성 토양이 알칼리성으로 변하면 더 이상 자라지 않는다.

쇠뜨기는 땅속줄기로 증식을 하며, 뿌리가 깊이 1미터 정도까지 뻗어 가기 때문에 뿌리째 뽑기는 어렵다. 그럼에도 주차장, 빈터, 밭의 잡초 관리를 위해 1950년대 무렵 집요하게 제초제를 뿌려 댄 탓인지 쇠뜨기가 확 줄었다. 쇠뜨기를 싫어하는 사람이 많아서인지 최근에는 뱀밥을 거의 볼 수 없다. 다마고토지를 하면 정말 맛있는데 말이다.

쇠뜨기는 원자폭탄이 떨어진 히로시마에 망초와 함께 가장 먼저 생겨난 풀이기도 하다. 이렇게 생명력이 강한 쇠뜨기조차 살아남기 힘든 환경이라면 그런 세상이 오는 게 오히려 더 두렵다. 쇠뜨기를 화분에 옮겨 관엽식물로 키우려 해 보았지만 땅속줄기 때문에 불가능했다. 뿌리까지 야생인 풀이다.

말린 쇠뜨기 10그램을 물 2리터에 넣어 20분 정도 끓인 뒤 우려낸 액을 충분히 식혀 10배의 물을 넣어 섞으면 천연 약제가 된다. 가끔씩 정원 식물 잎에 뿌리는데, 흰가루병 등 식물이 걸리는 병 전반에 효과가 있다.

알아 두세요

일정 정도 자란 4~5월 무렵에 땅에 바싹 붙여 풀베기 작업을 하면 2~3년 반복하는 사이 쇠락해 간다. 잎이 막 자랄 무렵에 잎 부분을 자르면 양분을 땅속 기관으로 보낼 수 없어서 번식을 위한 땅속줄기인 생식줄기를 키울 수 없기 때문이다. 또는 알칼리성으로 변한 토질을 좋아하지 않으므로 숯가루를 조금씩 뿌려 시간을 두고 토질을 바꾸어 주어도 된다.

1 흙속에 대기 중인 뱀밥(사진_기타무라 미도리). 2 최초의 영양분을 다 쓴 5월 무렵, 땅에 바짝 붙여 잘라 주면 된다. 3 뱀밥은 세력을 뻗어 나가고 싶은 곳에 생긴다(사진_와타나베 아키히코). 4 쇠뜨기 10그램에 물 2리터를 넣어 20분 정도 끓인 후 식힌 물을 넣어 10배로 희석시키면 천연 약제가 된다. 5 며칠 그늘에 말려 약제로 만들어 병에 걸린 식물에 쓴다. 6 쇠뜨기는 땅속줄기로 이어져 있어서 잡아 뜯으면 도중에 줄기가 뚝 끊어지고 만다.

쇠무릎

비름과 쇠무릎속
여러해살이풀
개화 시기 8~10월
키 50~100센티미터
쇠무릎은 음지의 습한 곳,
털쇠무릎은 양지
재래종(선사시대 귀화식물)

털쇠무릎 *Achyranthes fauriei* H.Lév. & Vaniot, 일본 이름은 히나타이노코즈치인데 '히나타'는 양지, '이노코즈치'는 쇠무릎을 뜻한다. 히나타이노코즈치는 양지쇠무릎이라는 뜻이다도 있어서 이와 구별 짓기 위해 히카게이노코즈치 '히카게'는 음지라는 뜻으로 음지쇠무릎이라는 의미다고 부르기도 한다. 꽃이 초록색이라 눈에 잘 띄지 않아서 모르고 지나칠 때가 많다. 집고양이가 몸에 늘 씨앗을 붙이고 들어오기에 무슨 씨앗인가 했더니 쇠무릎이었다. 눈을 부릅뜨고 찾아보았더니 집 주변, 주차장과 이웃집의 경계 등 빛이 잘 들지 않는 곳에서 무심하게 자라고 있었다.

씨앗 모양이 재미있는데 양 갈래 클립 같은 것이 붙어 있어 어디든 잘 달라붙는다. 쇠무릎의 일본 이름인 이노코즈치의 유래는 줄기의 툭 튀어나온 마디 부분이 새끼 멧돼지의 무릎을 닮은 데에서 왔다 이노코즈치의 '이노코'는 새끼 멧돼지, '즈치'는 망치를 의미한다.

1 잎은 보드랍고 아기자기한 모양이다. 2 8~10월에 꽃이 피는데 눈에 잘 띄지 않는다. 3 무리 지어 자란 쇠무릎. 이렇게 무성하게 자라는데도 존재감이 없다. 4 고양이 얼굴에 붙은 씨앗. 몸 여기저기에 이 씨앗을 붙이고 돌아온다. 5 씨앗은 클립 모양으로 동물의 몸에 붙어 퍼져 나간다. 하얀색은 고양이 털이다. 6 수수한 겉모습에 비해 씨앗의 모양은 매우 정교하다.

쑥

국화과 쑥속
여러해살이풀
개화 시기 9~10월
키 50~120센티미터
산성 토양 선호
재래종

쑥의 꽃가루는 가을철 꽃가루 알레르기를 일으키는 원인 가운데 하나다. 진딧물이 붙기 쉬운 성질을 이용해 천적유지식물 banker plants(280쪽 참조)로도 많이 쓴다. 쑥은 타감작용도 한다. 향이 좋아 쑥뜸을 뜨기도 하고 떡으로 만들어 먹기도 하는 등 인간의 생활 깊숙이 들어와 있는 풀이다. 한 뿌리에서 나온 쑥도 자세히 들여다보면 잎의 형태가 가지가지다. 쑥이 적응 능력이 강한 이유가 이런 특성 때문인지도 모른다. 모찌구사餠草라는 별명이 있다 '모찌'는 떡, '구사'는 풀을 의미한다.

알아 두세요

뿌리가 튼튼해서 손으로 뽑기는 힘들다. 작은 낫이나 모종삽으로 뿌리를 파낸다. 진달래 등 다른 식물 옆에서 자라난 풀은 뿌리가 뒤엉켜 있어 파내기가 어려우므로 땅 위로 올라온 부분을 계속해서 잘라 주어 광합성을 못하게 하는 수밖에 없다.

1 콘크리트 틈에서 자라난 쑥. 뿌리가 무척 강해 잘 뽑히지 않는다. 2 막 나온 잎은 부드러우며 비비면 좋은 향이 난다. 잎으로는 떡을 만들어 먹기도 하고 뜸을 뜰 때 쓰기도 한다. 3 쑥에 생긴 진딧물을 먹으러 온 무당벌레(왼쪽)와 꼬마남생이무당벌레(오른쪽). 4 쑥꽃은 무척 수수해서 꽃이 핀 줄 모르고 지나칠 때가 많다. 꽃가루 알레르기를 일으키기도 한다.

애기분홍낮달맞이꽃

바늘꽃과 달맞이꽃속
여러해살이풀
개화 시기 5~9월
키 20~60센티미터
확 트인 통풍이 잘 되는 곳이나 길가
외래종 - 남미와 북미 남부 원산
메이지시대(1868~1912년, 19세기)

바람에 무심히 흔들리는 분홍빛 꽃이 참 애처롭다. 정원 일을 맡기는 고객 중에도 "뽑지 말아 주세요. 예쁘네요"라고 부탁하는 사람이 많다. 유게쇼저녁 화장이라는 의미다라는 별명이 붙었는데 저녁에 피지는 않는다. 아침 무렵부터 피어 있는 모습을 종종 본다. 어여쁜 모습에 이끌려 바로바로 뽑지 않고 놔두면 점점 늘어난다. 이웃집에서 점점 세력을 확장해 오더니 어느 순간 우리집에도 당당히 자리를 잡았다. 온난한 지역에서 온 외래종인데 아침저녁으로는 꽤 서늘한 편인 간토 지방에서도 꿋꿋이 자라는 걸 보니 적응력이 뛰어난 것 같다. 뽑기는 쉽지만 콘크리트의 벌어진 틈새, 보도블록 틈 등에서도 뿌리를 내리는 등 보기보다 강인하다.

그러고 보니 저녁 무렵에 피는 분꽃은 도심 가까운 주택가에서는 이제 잘 보이지 않는다. 어렸을 적 씨앗을 으깨서 화장품 분처럼 갖고 놀기도 했는데 말이다. 어릴 적에는 염주와 도꼬마리가 흔해서 자주 가지고 놀았는데 이제는 찾아볼 수 없다. 자취를 감춘 추억 속 식물이 늘어 가는 게 참 쓸쓸하다.

1 적응 범위가 넓어서 점점 세력을 뻗어 가며 군락을 이루기도 한다. 2 청초한 모습과는 달리 벽돌 틈새에도 다부지게 자리 잡는다.

약모밀

삼백초과 약모밀속
여러해살이풀
개화 시기 5~7월
키 15~40센티미터
습기가 있는 음지나 반음지
재래종

옛날 일본에서는 약모밀을 시부키악취가 쌓여 진동한다는 뜻의 일본 고어라고 불렀다고 하는데 냄새를 맡아 보면 수긍이 갈 것이다.

'땅을 기는 형태'로 분류하려다가 환경에 따라서는 40센티미터 정도까지 키가 커서 분류가 어려웠다. 음지보다 반음지에서 키가 더 커지는 약모밀은 덱 밑이나 자갈 속에서 자라난다. 흙의 단단함과는 별 관계가 없는 듯하고 습기와 빛이 서식지를 정하는 데 관여하는 것 같다. 그리고 인간의 출입이 빈번한 곳은 좋아하지 않는다. 하지만 인적이 전혀 없는 곳도 좋아하지 않는지 집 근처 빛이 잘 들지 않는 뒤뜰 같은 곳에 주로 자리 잡는다. 약모밀이 자란다는 것은 약모밀이 그 땅에 필요하기 때문이다. 그렇다면 그 땅에 살고 있는 사람에게도 필요한 식물일지 모른다.

약모밀의 잎은 생으로 쓸 때와 말렸을 때 효능이 다르다. 생잎은 부스럼이나 여드름, 무좀, 축농증에 좋다. 말린 잎은 달여서 먹으면 혈압 조절, 천식 등에 효과가 있다. 부비강염에는 생잎을 갈아 내린 즙을 물에 타서 코를 씻어 주면 좋다. 피부병에는 즙을 욕조에 넣어 쓴다. 베트남에서는 생잎을 샐러드에 넣기도 하고 다양한 요리에 쓴다고 한다. 악취가 일본의 약모밀만큼 강하지는 않은 듯하다.

우리집에는 잎이 얼룩진 약모밀이 자란다. 유럽으로 건너가 인기를 끌었던 종이 역수입된 것이다.

1 통로 등을 피해 사람이 다니지 않는 반음지에서 잘 자란다. 한방에서는 십약+藥이라 부르며 소중히 여긴다. 2 5~7월 무렵에 꽃이 피는데 하얀 부분은 꽃잎이 아니라 총포다. 꽃은 가운데 불쑥 튀어나온 막대 모양 부분에 밀집해서 핀다. 3 종횡으로 뻗어 나가는 땅속줄기는 꽤나 깊이 뻗어 있어 잘라 내기가 어렵다. 4 화훼전문점에서 파는 얼룩무늬 약모밀. 유럽에서 역수입되어 일본 정원에서도 볼 수 있게 되었다.

알아 두세요

땅속줄기로 번식하기 때문에 모종삽으로 파내는 작업을 끈기 있게 반복할 수밖에 없다. 조금이라도 땅속줄기가 남아 있으면 다시 자라난다. 완벽하게 없애려면 상당한 시간과 인내심이 필요하다.

양미역취

국화과 미역취속
여러해살이풀
개화 시기 10~11월
키 1~1.5미터
탁 트인 곳, 양지
외래종 - 북미 원산, 메이지시대
(1868~1912년, 19세기)

북미 원산으로 1900년대 초 관상용으로 일본에 들어왔는데 베트남전쟁 무렵 폭발적으로 번져 나갔다. 베트남전쟁 때 미국군이 일본의 기지를 경유해 출격했기 때문에 물자와 사람에 씨앗이 섞여 오면서 늘어났는지도 모른다. 양미역취는 '베트남소'라고도 부른다. 줄기에서 시스 디히드로마트리카리아 에스테르 cis-Dehydromatricaria ester라는 물질이 나와서 다른 식물이 자라지 못하게 억제한다. 이런 작용을 '타감작용'(282쪽 참조)이라고 한다. 또한 키가 커서 다른 잡초를 제압하듯이 쑥 웃자라 다른 식물의 광합성을 저해하기 때문에 주변에 있는 식물은 잘 자라지 못한다. 한동안 부쩍 늘었다가 최근에는 자신이 내는 억제물질에 자가중독을 일으켜 쇠락하면서 기세가 수그러들었고 재래종 참억새가 다시 기세를 만회했다고 한다. 꽃가루 알레르기의 원인으로 오해받은 적도 있는데 애먼 누명을 썼을 뿐이다. 충매화여서 꽃가루가 공중에 날아다닐 일은 거의 없다. 늦가을에 날아다니는 곤충들의 귀중한 밀원이기도 하다. 최근에는 꽃꽂이용으로 쓰여서 꽃가게에서도 볼 수 있다. 땅속줄기와 씨앗 두 가지 방식으로 번식하며, 한 포기의 양미역취에서 씨앗 27만 개가 만들어진다고 알려져 있다.

흥미롭게도 양미역취로 입욕제도 만든다. 몸에 좋을 뿐만 아니라 하수도 깨끗하게 해 준다니 일석이조다. 꽃이 피기 직전의 꽃봉오리를 통째로 따서 2~3일 볕에 잘 말린 후 그늘에서 열흘

정도 더 말려 작게 잘라 면주머니에 넣고 욕조에 담그면 된다. 체내 독소 제거에 효과가 있다. 실제로 정원사 동료 가운데 한 명이 직접 해 보았는데 피부가 보송보송 매끄러워지는 등 효과가 무척 좋았다고 한다. 향도 좋은데 사사당고팥소가 들어 있는 쑥떡을 조릿대 잎으로 싼 일본니가타 지역의 명과 냄새와 비슷하다고 하며, 목욕물은 버리지 말고 2~3일 계속 쓰면 좋다고 한다. 진공 팩 등에 넣어 보관해 두면 장기간 보존할 수 있다.

알아 두세요

의외로 손쉽게 뽑힌다. 뽑지 않고 두었다면 꽃이 피기 전에 땅에 바싹 붙여 자른다.

1 빈터에 무리지어 핀다. 눈에 잘 띄기 때문에 꽃가루 알레르기의 원인이라고 오해받는데 양미역취는 충매화다. 2 작은 꽃을 다닥다닥 피운다. 마치 거품이 인 모습처럼 보인다. 3 큰 개체는 키가 1미터도 넘는다. 풀베기를 해서 다듬으면 무릎 정도의 높이에서 꽃을 피우기도 한다. 4 지상부에 비해 뿌리는 그리 발달하지 않으며, 뿌리 부분을 잡고 위로 잡아당기면 싱겁게 쑥 뽑힌다. 5 꽃에는 꿀이 많은지 벌이 많이 모여든다. 두말할 것 없는 충매화다(사진_이와타니 미나에). 6 11월 초순 강가. 양미역취의 기세는 이전에 비해 쇠락했고 참억새가 늘고 있다.

유럽점나도나물

석죽과 점나도나물속
가을 발아 한해살이풀(두해살이풀),
(여러해살이풀이라는 설도 있다)
개화 시기 4~5월
키 10~60센티미터
양지
외래종 - 유럽 원산, 메이지시대 말기
(1900년대)

양지바른 부드러운 흙 등에서 자란다. 보들보들한 잎에 하얗고 수수한 꽃이 피는데, 너무 작아 못보고 지나치기 십상이지만 가만히 들여다보면 예쁘기 그지없다. 이름은 잎 모양이 쥐의 귀를 닮은 데에서 유래했다고 한다일본 이름은 오란다미미나구사和蘭耳菜草로 '오란다'는 네덜란드, '미미'는 귀를 의미한다.

알아 두세요

쉽게 뽑히지만 몸 전체에 털이 나 있어 목장갑에 달라붙는다.

1 자라는 모습이 별꽃과 비슷하다. 2 유럽점나도나물의 꽃.

이삭여뀌

마디풀과 여뀌속(혹은 마디풀속)
여러해살이풀
개화 시기 7~11월
키 40~100센티미터
반음지
재래종

이삭여뀌의 일본 이름인 미즈히키는 노시熨斗, 일본에서 축하 선물이나 답례품에 붙이는 장식에 붙이는 홍백의 미즈히키 水引, 선물 포장이나 봉투 등을 매는 데 쓰는 장식용 띠를 닮은 데에서 유래했다고 한다. 다실에 꽂는 꽃꽂이용 꽃으로도, 야생초로도 인기가 많다. 살기 적합한 곳이면 엄청난 기세로 뻗어 나간다. 빛이 잘 드는 곳보다는 반음지를 선호한다. 추위에도 메마른 땅에서도 끄떡없다. 같은 마디풀과에 하얀색 꽃이 피는 것도 있는데, 이는 긴미즈히키 *Persicaria filiformis* f. albiflora라 부른다. 노란색 꽃을 피우는 짚신나물도 일본 이름은 킨미즈히키로 이름에 미즈히키가 들어 있지만 장미과에 속하는 풀이다. 잎과 꽃을 보면 알 수 있듯 이삭여뀌와는 전혀 다른 재래종 여러해살이풀로 7~10월에 꽃을 피운다.

알아 두세요

그냥 내버려 두면 점점 늘어나므로 땅에 바싹 붙여 자르거나 솎아 내고, 그럼에도 많다고 느껴진다면 뿌리째 파낸다.

1 자신의 존재를 강렬히 드러내는 개성적인 모습이라 꽃꽂이용으로도 자주 쓰인다.
2 노시에 쓰이는 홍백의 미즈히키와 닮았다. 3 춥고 볕이 잘 들지 않으며 축축한 우리집 화단에도 매해 꿋꿋이 꽃을 피운다. 4 짚신나물 *Agrimonia pilosa* Ledeb.의 꽃. 5 짚신나물의 일본 이름은 킨미즈히키로, 이름에 '미즈히키'가 들어 있지만 이삭여뀌와는 달리 장미과에 속한다. 6 자라나면 다른 잡초를 억제하지만 너무 늘어나지 않게 주의해야 한다.

자주광대나물

꿀풀과 광대수염속
가을 발아 한해살이풀(두해살이풀)
개화 시기 3~5월
키 10~25센티미터
양지, 통풍이 잘 되는 풀밭
외래종 - 유럽 원산, 메이지시대 중기
(1880년대)

재래종인 광대수염에 비하면 더 작다고 '히메'가 이름 앞에 붙은 외래종이다 자주광대나물의 일본 이름은 히메오도리코소姬踊子草로, '히메'는 명사 앞에 붙어 작고 사랑스러운 것을 의미하며, '오도리코'는 춤추는 아이, '오도리코소'는 광대수염을 의미한다. 우산을 쓴 채 춤추는 아이 같다 해서 이런 이름이 붙었다. 마치 핑크 드레스의 옷자락을 들어 올리며 프렌치 캉캉을 추는 것 같다. 초봄에 밭이나 경작하지 않고 놔둔 빈 땅에 무리 지어 자라난 걸 볼 수 있다. 엘라이오솜을 만들어 내기 때문인지 개미가 모여든다. 쉽게 잘 뽑힌다.

1

1 자주광대나물과 큰개불알풀이 펼치는 봄의 경연을 보고 있노라면 그 생동감에 내 마음까지 달뜬다(사진_와타나베 아키히코). 2 엘라이오솜을 찾아 개미떼(○로 표시한 부분)가 모여들었다. 3 프렌치 캉캉을 추는 것 같은 자주광대나물(사진_와타나베 아키히코). 4 빛이 잘 들고 통풍이 잘 되는 풀밭을 좋아한다. 키 작은 잡초들 틈바구니에서 유난히 눈에 띄는 꽃을 피운다. 5 밭에서만 피는 줄 알았는데 웬걸, 보도블록 사이에서 얼굴을 내밀었다.

자주괴불주머니

현호색과 현호색속
한해살이풀 또는 두해살이풀
개화 시기 4~6월
키 20~50센티미터
축축한 곳
재래종

우리집은 가까이에 하천이 있어서 습하고 빛이 잘 들지 않는 편이다. 그런 곳을 좋아하는지 자주괴불주머니가 자주 얼굴을 내민다. 고고한 귀부인 같은 풀이다. 모시나비 애벌레가 먹는 풀이어 그런지 모시나비도 자주 보인다. 가을 발아 한해살이풀(또는 여러해살이풀)이며 양지를 좋아하는 괴불주머니는 자주괴불주머니의 꽃을 노랗게 칠한 느낌이다. 괴불주머니는 미야마深山라는 이름에서 알 수 있듯 주택가 등에서는 잘 찾아볼 수 없다괴불주머니의 일본 이름은 미야마키케만深山黃華鬘으로 '미야마'는 깊은 산, '키'는 노란색, '케만'은 불전 장식품을 의미한다. 둘 다 자연스레 생겨난 곳에서는 강한 생명력을 보이지만 옮겨 심으면 금방 시들어 버린다.

알아 두세요

연약해 보이는 모습과는 달리 줄기를 잡아 뽑으면 윗부분만 뚝 끊어진다. 없애려면 삽으로 뿌리째 파내야 한다. 또 잎, 줄기, 뿌리에 독이 있으므로 조심해서 다루어야 한다.

1 괴불주머니. 자주괴불주머니와 달리 양지를 좋아한다. 괴불주머니의 일본 이름은 미야마키케만으로 '미야마'는 깊은 산이란 뜻이다. 하지만 다른 곳에서도 자란다.
2 그늘지고 습한 곳을 좋아하는 자주괴불주머니. 키는 20~50센티미터 정도다. 일본 이름에 나오는 케만華鬘은 생화를 실로 엮어 불전을 장식하는 장식품을 의미한다.

죽자초
마클레아이아 코르타타

양귀비과 마클레아이아속
여러해살이풀
개화 시기 7~8월
키 1~2미터
건조한 양지
재래종

줄기 속이 빈 대나무를 닮았다고 해서 죽자초라 불린다. 잎이 어른 손바닥보다 크고 톱니 모양의 결각이 깊이 나 있다. 생장이 빠르다. 이 식물은 황무지나 아직 건물이 들어서지 않은 택지, 특히 방재 공사 등을 한 경사면 등에 가장 먼저 찾아오는, 억새와 같은 개척식물의 일종이다.

우리집 남쪽 방향에 작은 산이 있는데 이사 오기 직전에 산 일부(삼나무 숲)가 벌채되었다. 그러자 산 경사면에 풀인지 나무인지 모를 하얀 식물이 가장 먼저 쭉쭉 뻗어 나갔다. 어느 날 이 식물을 가까이에서 볼 기회가 생겨 자세히 보았더니 죽자초였다. 꽃뿐 아니라 잎 뒷면에도 하얀 털이 나 있어서 전체적으로 하얗게 보인다.

꺾으면 알칼로이드를 함유한 불그스름한 갈색 즙이 나오는데 잘못 입에 댔다가는 잠이 오거나 호흡 마비를 일으킬 위험이 있다. 피부병, 쇠버짐, 무좀 등에 이 액을 직접 바르면 효과가 있다고 한다. 뿌리줄기로 번식하기 때문에 근절하기는 어렵다. 잡아 뽑다가 굵은 뿌리줄기가 지하 50센티미터 정도에서 끊어지고 말았는데 훨씬 더 깊이 뻗어 있었을 것이다. 뿌리줄기는 나무뿌리처럼 굵고 단단하다. 이러니 제거하기 어려울 수밖에 없다.

기본적으로 잡초가 자라기 어려운 곳에서 자라기 때문에 정원에 자리를 잡는 일은 좀처럼 없다. 만약 정원에서 이 풀을 본다면 오랜 동안 빈터였던 곳에 집을 지은 경우가 많다. 서양에서는 원예식물로 재배하기도 한다.

알아 두세요

흙의 질이 바뀌면 스스로 다른 장소로 이동해 가기 때문에 완숙퇴비, 부엽토, 목재퇴비 등을 사용해 흙을 비옥하게 해 주면 좋다. 뿌리줄기를 제거하기 어려울 때에는 지면에 바짝 붙여 잘라 광합성을 못하게 하면 된다.

1 잎 뒷면이 하얗고 잎의 크기는 30센티미터나 된다. 뿌리줄기는 굵고 깊이 박히니 크게 자라기 전에 제초한다. **2** 키가 1~2미터나 되고 꽃도 잎도 눈에 확 띄는 이국적인 모습이지만 재래종이다. 바람에 살랑살랑 무도회가 펼쳐진다. **3** 이 사진의 뿌리줄기는 50센티미터 정도에서 잘려 버렸지만 전체가 흙속에 묻혀 있었다. **4** 줄기가 비어 있는 점이 대나무를 닮았다고 해서 죽자초라 불린다. 꺾으면 불그스름한 갈색 액체가 나오는 데 독성이 있다. 입에 대지 않도록 주의해야 한다.

쥐꼬리망초

쥐꼬리망초과 쥐꼬리망초속
한해살이풀
개화 시기 8~10월
키 10~40센티미터
양지를 좋아하지만 음지에서도
통풍만 잘 되면 잘 자람
재래종

이름을 기쓰네노고마쥐꼬리망초의 일본 이름은 기쓰네노마고다. '기쓰네'는 여우, '마고'는 손주라는 의미로 '여우의 손주'라는 뜻이다. '고마'는 참깨라는 뜻이다로 잘못 알고 있는 사람이 종종 있다. 아마도 꽃이 참깨 꽃과 닮아서 그런 듯하다. 정말 그렇구나 싶다. 꽃차례 모양이 여우꼬리를, 작은 꽃은 착 달라붙는 손주를 닮았다고 해서 이런 이름이 붙었다는 설도 있고, 이름의 유래를 전혀 알 수 없다는 설도 있다. 키 큰 잡초가 드문 곳에 생긴다. 얌전한 잡초라 그런지 잡초 관련 책을 뒤적여 봐도 '지극히 수수한'이라는 기술밖에 없다. 실제로 너무 작아서 눈에 잘 띄지는 않지만 일단 존재를 알아채고 이름을 기억해 두면 애착이 생긴다. 꽃마리나 황새냉이와 함께 꽃다발을 만들면 미니어처 사이즈의 귀여운 꽃다발이 될 것 같은데 꽃피는 시기가 다르니 이루어질 수 없는 꿈이다. 군락을 이루는 일은 없으며 여러 잡초 사이에서 하나둘 외따로 살포시 얼굴을 내미는, 자리를 가리는 풀이다. 키도 그리 크지 않아서 뽑지 않고 남겨 두는 일이 많은데, 뽑으려고 하면 쉽게 뽑힌다.

1 큰 잡초 사이 좁은 틈에서 자란다. 키는 10~40센티미터이며 잎도 크지 않다.
2 꽃은 귀여운데 작아서 눈에 잘 띄지 않으며 잡초계에서 그리 주목받지도 못한다.
3 사람들의 눈에 띄지 않은 채 피고 져서 뽑히지 않는 경우가 많다. 그래서 살아남는다.
4 8~10월 무렵 분홍빛 꽃을 피운다. 꽃이 착 달라붙는 손주처럼 보이는가?

큰개불알풀

현삼과 개불알풀속
한해살이풀 혹은 두해살이풀
개화 시기 2~6월
키 10~25센티미터
양지를 특히 좋아하지만 탁 트인 곳이라면 음지에서도 자람
외래종 - 유라시아·아프리카 원산, 메이지시대 초기(1870~1880년대)

내가 사는 간토 지방은 일본에서는 추운 편에 속하는데, 도쿄에서 온 사람은 물론 같은 시내에 사는 사람들조차도 춥다는 말을 연발한다. 그런 우리집 정원에도 2월에 따스한 해가 이어질 때면 큰개불알풀 꽃이 핀다. 그러면 꽃등에 성충이 꿀을 찾아 바지런히 날아든다. 이 꽃은 한겨울 꽃등에의 귀중한 밀원이다. 꽃등에 애벌레는 진딧물을 먹는다. 봄, 가장 이른 시기에 꽃을 피우는 이유는 작은 키 때문인지도 모른다. 다른 풀이 번성할 무렵이면 도무지 키를 따라잡을 재간이 없어 광합성을 할 수 없다. 그래서 다른 풀이 뻗어 나가기 전인 이른 봄부터 활동을 개시한다. 2월의 정원에서는 큰개불알풀의 작은 꽃이 유독 시선을 끄는데 이런저런 풀들이 무성해질 무렵이면 어느 순간 자취를 감춘다. 양지를 좋아하지만 자세히 관찰해 보면 음지라도 통풍이 잘 되는 곳이라면 어디서든 잘 자란다. 꽃 한 송이는 3일쯤 핀다. 낮 10시간 동안 곤충이 꽃가루를 날라 주어 꽃가루받이를 한다. 안타깝게도 곤충의 방문을 받지 못한 채 날이 저물었을 때에는 꽃잎을 닫을 때 수술을 구부려 제꽃가루받이를 한다.

알다시피 불알은 남성의 음낭을 가리킨다. 어디가 음낭을 닮았다는 건지 싶어 꽃을 살펴보았는데, 꽃이 아니라 열매가 음낭을 닮았다 한다. 큰개불알풀은 외래종이고 개불알풀은 재래종이다. 최근 개불알풀은 잘 보이지 않는데, 큰개불알풀에게 자리를 내어 준 듯하다.

1 따스한 지역에서는 2월쯤 꽃이 피며 꽃등에가 꿀을 찾아 날아든다. 2 봄볕을 쬐며 무리 지어 앉은 개불알풀. 최근에는 재래종 개불알풀을 찾아보기 힘들다. 3 선개불알풀 Veronica arvensis L.은 유럽 원산의 외래종이다. 큰개불알풀보다 줄기가 높이 뻗는다(사진_다마키 마리코). 4 큰개불알풀은 토양의 질을 따지지 않고 어디서나 잘 자라지만 특히 양지를 선호한다. 5 큰개불알풀의 열매.

큰도꼬마리

국화과 도꼬마리속
한해살이풀
개화 시기 8~10월
키 50~200센티미터
길가, 하천, 저수지, 강가 등
외래종 - 북미 원산, 쇼와시대 초기
(1930년대)

도꼬마리 *Xanthium strumarium* L.는 안 보이고 큰도꼬마리만 간혹 보인다. 찍찍이 벌레라 불리기도 하는데 동물 몸에 씨앗을 붙여 멀리 퍼지는 대표적인 식물이다. 끝부분이 굽은 갈고리 구조처럼 되어 있어 어렸을 적에는 스웨터에 던져 붙이며 놀기도 했다. 일부러 심지 않는 한 정원에 자연적으로 생기는 일은 거의 없다.

1 달라붙기 대표 선수인 큰도꼬마리. 스웨터에 잘 달라붙는다. 지금은 재래종 도꼬마리를 찾아보기 힘들다.

털도깨비바늘

국화과 도깨비바늘속
한해살이풀

울산도깨비바늘 Bidens pilosa L.
개화 시기 9~12월
키 50~110센티미터
제방 경사면, 황무지, 방치된 밭
외래종 - 열대 지방 원산, 에도시대
(1603~1868년, 17~19세기)

미국가막사리 Bidens frondosa L.
개화 시기 9~10월
키 50~150센티미터
영양분이 풍부한 습한 곳
외래종 - 북미 원산, 다이쇼시대
(1912~1926년, 20세기 초)

씨앗이 옷에 붙으면 잘 떼어지지
않는다. 서일본에는 미국가막사리보다
울산도깨비바늘이 우세하다.
털도깨비바늘은 울산도깨비바늘보다
꽃잎이 좀 더 크고 노랗다. 안타깝게도
요즘은 잘 보이지 않는다.

알아 두세요

뿌리가 깊지 않아 쉽게 뽑힌다. 단,
씨앗이 있을 때 잡아당기면 씨앗이
땅에 흩어져서 이듬해 다시 번식한다.
씨앗이 생기기 전에 제초하는 게 좋다.

1 미국가막사리. 2 울산도깨비바늘의 꽃. 3 울산도깨비바늘의 뿌리. 위로 수직으로 잡아당기면 쉽게 뽑힌다. 4 일본에서는 미국가막사리보다 울산도깨비바늘이 우세하다. 길가, 풀밭, 황무지 등에서 흔히 볼 수 있다. 5 풀을 베고 나면 옷에 꼭 씨앗이 붙어 있다. 6 울산도깨비바늘 씨앗은 달라붙기 선수! 7 씨앗 끝부분이 갈고리 모양이다.

털별꽃아재비

국화과 별꽃아재비속
한해살이풀
개화 시기 6~11월
키 15~60센티미터
양지
외래종 - 남미 원산, 다이쇼시대
(1912~1926년, 20세기 초)

우리집 정원에는 다양한 풀이 자라고 있어 생존 경쟁이 무척 치열하다 개중에는 퇴비통 바로 옆을 좋아하는 풀도 있다. 털별꽃아재비다. 영양분을 좋아해 퇴비통 옆에 자리 잡았나 보다. 털별꽃아재비가 자라고 있다면 그곳은 비옥한 땅이다. 뿌리가 얕아서 쉽게 뽑힌다. 외래종이지만 나는 왠지 이 꽃이 좋다. 먼지투성이 속에서도 씩씩하게 피어난 모습이 마음을 사로잡는다.

이름은 마키노 도미타로牧野富太郎, 일본 식물분류학의 기반을 구축한 식물학자 박사가 도쿄 도내의 쓰레기터에서 이 식물을 처음 발견한 데에서 유래했다 털별꽃아재비의 일본 이름은 하키다메기쿠掃溜菊로 '쓰레기터의 국화'라는 뜻이다. 우리집 퇴비통도 어쨌든 쓰레기터인 셈이니까.

1

1 빛이 좋은 곳이면 초여름부터 늦가을까지 오래도록 꽃을 즐길 수 있다. 꽃에 어울리지 않는 안타까운 이름이 붙었지만 은은한 분위기를 자아내는 풀이다. 2 질소가 많은 곳을 선호해서인지 퇴비통 옆에 무리 지어 자리 잡는다. 3 흙이 부드러우면 뿌리째 쉽게 뽑히지만 다져진 땅에서 자란 털별꽃아재비는 잘 뽑히지 않는다. 4 꽃을 자세히 들여다보면 숲의 요정이 달고 있는 브로치 같다. 오래도록 꽃을 피우면서 꽃등에 등의 밀원이 되어 준다.

파드득나물

산형과(또는 미나리과) 파드득나물속
여러해살이풀
개화 시기 6~7월
키 40~50센티미터
약간 축축한 빈음지
재래종

약간 축축한 반음지에서 자란다. 봄이 되면 월동한 뿌리포기에서 어린잎이 나온다. 우리집의 단단한 땅에서도 자라났는데 땅이 단단하면 뿌리째 뽑기가 만만치 않다. 시장에서 파는 파드득나물은 대부분 하우스에서 수경재배한 것이다. 우리집에서는 집 주위에 저절로 자라고 있어서 이걸로 나물을 해 먹는데 시장에서 파는 것보다 잎이 크고 향이 강하다. 잎이 빳빳하고, 줄기가 두껍고 딱딱해 생으로 먹지는 않고 주로 익혀서 먹는다. 해가 갈수록 잎과 줄기가 점점 더 단단해지는 것 같다. 자주 잘라 냈더니 잎을 크게 하는 데에 에너지를 쓰느라 그랬는지 시장에서 파는 것만큼 키가 크지 않는 것 같다.

1 자주 잘라 냈더니 키가 자라지 않는다. 막 나온 잎은 부드러워서 요리에 쓰기도 안성맞춤이다. 2 약간 습한 반음지 등을 좋아한다. 식용 재배종보다 잎이 빳빳하고 질기다. 3 오늘의 반찬은 파드득나물 다마고토지.

환량초
델피니움 안트리시폴리움

미나리아재비과 제비고깔Delphinium속
한해살이풀
개화 시기 3~5월
키 20~70센티미터
양지
외래종 - 중국 원산, 메이지시대
(1868~1912년, 19세기)

우리집 화단에 심은 적이 없는 식물에 청초한 보랏빛 꽃이 피었다. 정원을 둘러보았더니 여기도 한 송이 저기도 한 송이 무심히 피어 있다. 선이 가는 풀이어서 눈에 잘 띄지 않는데, 한번 눈에 들어오면 자꾸 눈길이 간다.
일본 이름은 세리바히엔소로, 잎이 미나리를 닮아서 이름에 세리바미나리 잎이라는 뜻이다가 붙었다. 히엔소飛燕草, 비연초는 날아다니는 제비풀이라는 뜻이다. 꽃 뒤로 달린 꼬리 같은 게 제비가 날아가는 모습을 연상케 해서 붙은 이름인지도 모르겠다. 왠지 모르게 산야초 같은 풍취가 있어 메이지시대에 중국에서 들어온 외래식물이라는 걸 알면서도 모른 척 하고 싶어진다.
꽃 피는 시기에는 다량의 꿀을 만들어 내서 꽃등에 등이 모여든다. 요즘은 무리 지어 피기보다 홀로 드문드문 피어 있다.

1

집안 대대로
내려오는 종자

대체로 잡초는 원예종보다 병충해에 강하다. 최근 채소의 고정종(주요 특성이 유전적으로 고정되어 있어 양친과 유전적으로 동일한 자손을 생산하는 계통 및 품종)과 재래종 씨앗 문제가 거론되곤 하는데, 대대로 그 토지에서 오랜 시간에 걸쳐 채취해 온 씨앗(토종 종자라고도 한다)에서 나온 채소는 병충해에 강하다. 생각해 보면 잡초는 인간이 마음대로 유전자를 조작하거나 F1종을 만들지 않으니 가장 이상적인 토종 종자라 하겠다. F1종은 우세한 형질 두 가지를 조합해 만든 1대 잡종을 말한다. 돈 들여 원예종을 사와 살충제와 살균제를 뿌리며 가꾸기보다 잡초를 잘 키워 자연스런 정원을 만들면 저렴하면서도 아기자기한 오가닉 가든을 즐길 수 있다. 잡초에는 예쁜 꽃을 피우는 것도 많으니 말이다.

1 작지만 뭐라 말할 수 없는 존재감을 과시한다. 쉽게 뽑히지만 자태에 홀려 그냥 놔두게 된다.

정원에서 잡초와 함께하는 법

2

잡초가 자라지 않게 하는 법

사람들은 정원에 잡초가 생기면 일단 인상부터 찌푸리며 어떻게든 제거하려 든다. 넓은 잔디밭, 빈터, 주차장, 연립주택 공동 녹지 등에서 자라는 잡초는 대부분 제초제를 뿌려 관리한다. 최근에는 뿌리째 뽑아 주어야 하는 잡초를 관리하는 게 귀찮아 애써 가꿔 온 정원을 콘크리트로 덮어 버리는 사례도 흔하다. 여기서는 오가닉 가든답게 그런 무모한 방법을 쓰지 않고도 정원에 잡초가 자라지 않게 하는 방법을 소개하고자 한다.

밟다

아주 단순하지만 의외로 효과가 뛰어나다. 우리집 정원으로 이어지는 좁고 긴 통로는 매일 아침과 저녁 자동차로 한 번씩 왕복했을 뿐인데 자동차 바퀴가 지나는 곳에는 잡초가 생기지 않았다. 꼭 자동차가 아니더라도 사람이 계속 밟아도 된다. 실제로 정원 일을 맡긴 고객 중에 잡초가 나지 않기를 바라는 곳을 매일 아침저녁으로 밟는 분이 있었는데 정말 잡초가 자라지 않았다.

1 자동차 바퀴가 지나가는 길 양쪽 옆으로는 다양한 잡초가, 가운데에는 토끼풀이 자랐다.

베다

정기적으로 풀을 벤다. 가을부터 이듬해 4월 무렵까지는 굳이 관리를 해 주지 않아도 괜찮지만 5~10월 무렵까지는 2주에 한 번씩 풀베기를 해 준다. 그러면 풀이 더 이상 자라지 않는데 짧은 풀들이 지피식물 노릇을 해서 멀리서 보면 초록색 융단을 깔아 놓은 것 같다.

1 자갈을 깔아 둔 집 뒤편에 잡초가 무성하다.
2 낫을 사용해 제초한 뒤의 모습. 3 낙엽, 찢긴 잡초를 부드러운 대나무 비로 가볍게 쓸어 담는다.
4 키를 살살 흔들면 자갈과 쓰레기가 나누어지므로 손으로 쓰레기를 제거한다. 5 키에 남은 자갈은 다시 돌려놓는다.

뽑다

정원이 그리 넓지 않거나 품을 좀 들일 수 있다면 뿌리째 뽑는다.
뽑는 방법은 '풀 뽑는 법'(248쪽 참조) 참조.

돌이나 목재판을 깐다

돌이나 벽돌로 된 평평한 판을 깔아 테라스를 만들거나 통로를
만드는 것도 방법이다. 판을 깔 때에는 모르타르로 고정하거나
땅에 바로 놓는다. 모르타르로 고정할 때에는 흙을 조금 파낸 뒤
먼저 잘게 부순 돌을 깔아 바닥을 다져 주면 좋다. 흙 위에 판을
바로 놓을 때에도 흙을 조금 덜어 낸 뒤 바닥을 다진다. 바닥을
단단히 다져 놓지 않으면 깔아 놓은 판이 금세 울퉁불퉁해지고
만다. 사이즈가 큰 목재판(나무껍질을 깎아 건조시킨 것)을 깔아도 좋다.
이때도 지면 높이와 똑같게 하기 위해서는 목재판의 두께 만큼
흙을 덜어 내야 한다. 목재판은 자연 소재이므로 시간이 지날수록
변형이 일어나 점점 작아진다. 그러면 지면이 노출되어 잡초가
생긴다. 그때는 새 목재판으로 전부 교체하거나 목재판을 보충해
준다.
목재판 뒷면에 민달팽이 등이 서식처를 마련하기도 하므로 수시로
확인해야 하며 저녁 이후에는 가급적 물을 주지 않는 게 좋다.

자갈을 두껍게 깐다

잡초 방지를 위해 자갈을 까는 방법은 아주 흔한 방법인데, 정원을 관리하면서 보니 대부분 자갈을 너무 얇게 깔아서 문제가 되었다. 흙 표면이 살짝 덮일 정도로 깐다면 금세 잡초가 다시 생긴다. 잡초가 생기지 않게 하려면 적어도 자갈의 두께가 10센티미터 정도는 되어야 한다. 또한 자갈이 너무 자잘하면 길고양이의 화장실로 쓰이기 쉬우므로 주의해야 한다.

좀 더 완벽을 기하고자 한다면 우선 필요한 두께(약 8센티미터) 만큼 흙을 덜어 내고 모래와 모르타르를 잘 섞은 뒤 흙을 덜어 낸 곳에 4센티미터 두께 정도로 깐다. 그 위에 자갈을 깔아 8센티미터 정도 높이로 맞춘다. 마지막으로 조리개로 전체에 물을 뿌린다. 이렇게 하면 모르타르가 굳어도 침수성이 있어서 비가 내려도 스며든다. 하지만 세월이 흘러 이 위에 흙이 쌓이게 되면 아무래도 또 풀이 자라기 마련이다. 그래도 이런 곳에서 자란 풀은 쉽게 뽑힌다.

최근에는 색깔도 다양하고 침수성도 뛰어난 마사토真砂土라는 자재가 판매되고 있어 훨씬 편리하게 시공할 수 있다.

1 마사토로 만든 통로. 주위에 잡초가 무성해도 정원이 방치된 듯한 느낌을 주지 않는다.

구조물을 만든다

흙 면적을 줄이면 당연히 잡초가 생기는 면적도 줄어든다. 그렇다고 무작정 콘크리트로 뒤덮는 건 싫다면 레이즈드 베드raised bed, 땅에서 약 60~120센티미터 높이에 만든 상자형 텃밭나 널찍한 나무 덱wood deck 등을 만든다. 나무 덱은 집과 정원을 이어 주는 중간 영역이 되기도 한다. 콘크리트와 자갈을 깔면 여름에 열 반사가 어려워 집안이 더워지지만 나무 덱은 자갈이나 콘크리트보다 열기를 훨씬 가라앉히며 갈대발을 치기도 쉽다.

키 작은 풀의 씨앗을 뿌려 둔다

토끼풀이 대표적인 예다. 토끼풀은 초봄에 싹이 나기 때문에 토끼풀이 자라난 곳에서는 다른 잡초가 잘 자라나지 않는다. 이른 봄부터 무리지어 자라는 풀, 키가 높이 자라지 않는 풀, 보기에 예쁜 풀, 이런 조건을 만족하는 풀이라면 꼭 토끼풀이 아니어도 된다. 골무꽃, 긴병꽃풀,

메밀여뀌 등도 추천하고 싶다. 다만 메밀여뀌는 번식력이 남달라 의외의 장소까지 퍼져 나가며 야생화되기 쉽다.
평소 발걸음이 잦지 않은 곳이나 잡초가 나지 않았으면 하는 곳은 소엽맥문동 등 상록이면서 키가 작은 풀을 심어 두면 좋다. 소엽맥문동을 심을 때에는 구입해 온 포트의 모종을 여러 갈래로 나누어서 조금씩 간격을 두고 심어야 한다. 그렇지 않으면 금세 빽빽해진다. 여러 갈래로 나누어 심더라도 10년 정도 지나면 많이 늘어나므로 뿌리를 파낸 뒤 포기를 갈라서 다시 심는다.

잡초에도 꽃말이 있다

꽃말은 아름다운 꽃에만 있지 않다. 잡초에도 꽃말이 있다. 민들레는 참된 사랑, 쑥은 행복·평화·부부애, 광대나물은 조화라는 꽃말을 가졌다. 뜻밖에도 토끼풀은 복수라는 으스스한 꽃말을 지녔다(약속이라는 꽃말도 있다). 미국자리공의 꽃말은 더 놀랍다. '내연의 처'라고 한다. 과연 이게 꽃말이 맞나 싶다. 꽃말이 건강·생명력인 양미역취, 활력인 참억새는 이들의 번식력을 보면 '과연 그렇군' 하고 고개가 끄덕여진다. 내가 가장 좋아하는 큰개불알풀의 꽃말을 듣고도 크게 맞장구를 쳤다. 너무 심술궂은 이름에 불만이 많았는데 꽃말은 신뢰·신성·청순·충실이다. 당연히 그래야지!

1 싱글 침대 사이즈 정도의 잔디 화단을 만들어 두면 아이가 뒹굴며 놀거나 앉아서 쉬기 좋고 관리도 수월하다. **2** 넓은 나무 덱을 만들면 흙 부분이 줄어 잡초 관리가 한결 쉽다. **3** 초봄부터 군생하는 키 작은 잡초를 지피식물로 쓰는 방법도 있다.

정원에 잡초를 활용하는 법

좋아하는 잡초를 남긴다

우선 좋아하는 잡초를 찾아 그것만 남긴다. 남겨 두고자 할 때에는 정원 전체를 보며 조화로운지 잘 살핀다. 조화롭게 잘 어울린다면 남겨 두고 관찰한다. 이질감이 든다면 잘라 다듬거나 뽑는다. 물론 이질감이 들더라도 어떻게든 남기고 싶다면 그대로 두어도 된다. 결국은 어떤 정원을 만들고 싶은가가 최우선 기준이기 때문이다.

우리는 창고 옆에 자라난 참소리쟁이는 뽑지 않고 남겨 두어 해마다 즐긴다. 크고 반질반질한 초록색 잎이 파이프로 만든 창고의 냉랭한 느낌을 훨씬 부드럽게 만들어 주는 것 같아서다. 여러 곤충이 찾아들고 천적까지 찾아오기 때문에 곤충을 관찰하느라 시간 가는 줄 모르게 되어 들여다보는 즐거움 또한 얻을 수 있다.

지피식물로 삼는다

관리하기 어려운 잔디보다 저절로 자라난 (즉, 그 환경에 맞는) 잡초를 지피식물로 삼으면 어떨까. 물이 적은 지역인 미국 서해안과 호주

둥지에서는 이 방법을 많이 쓰는데 앞으로 전 세계적인 흐름이 될 듯하다. 실제로 일본에서도 사무실 옥상 녹화와 하천 녹화 등을 할 때 외래 식물 침입을 막기 위한 목적으로 재래종 잡초와 들잔디 등을 주로 심고 있다.

덩굴성 식물은 울타리를 따라 심으면 정원에 운치를 더해 준다

계요등은 꽃이 귀엽고 거지덩굴도 꽃과 열매가 무척 예쁘다. 하지만 그대로 방치해 두면 너무 무성해지므로 몇 개만 남겨 벽면 녹화에 쓰거나 울타리를 꾸미는 용도로 이용한다. 박각시나방이 좋아하는 풀이어서 이 곤충을 관찰할 기회도 된다.

1 위풍당당한 자태의 우리집 참소리쟁이.
2 잡초가 지피식물이 되면 물과 비료를 주는 데 들어가는 수고로움을 덜 수 있다. 3 계요등도 자라는 곳에 따라 남겨 두어도 좋다. 어떤 식물이든 정원의 소재가 된다.

잡초만의 특별 영역을 만든다

개여뀌 등은 꽃이 예쁘니 돌 옆이나 발판 테두리 등에 자라난 개체는 그대로 남겨 둔다. 여름에는 풀베기를 여러 차례 해 주어야 한다. 계속 잘라 주면 키가 자라지 않아 낮은 위치에서 꽃을 피운다. 작고 아담한 개여뀌 꽃을 즐길 수 있다.

가끔은 화분에 흙을 넣고 아무것도 심지 않은 채 두기도 한다. 어느 순간 다양한 잡초가 자라나는데 어떤 잡초가 나올지 궁금해 하며 기다리는 일 또한 큰 즐거움이다. 깜짝 선물을 기다리는 재미가 있다. 이런 화분을 '깜짝 화분'이라 이름 붙였다. 카렐 차페크Karel Capek의 《정원가의 열두 달》에도 잡초가 선사하는 깜짝 화분 이야기가 나온다. 원예 애호가인 차페크는 자주 다니는 화훼전문점에 갔다가 신기한 화분을 발견한다. 팔라고 했더니 주인은 그럴 수 없다고 했다. 왜 안 되느냐고 물었더니 "그러니까 이건 그냥 저절로 자라난 잡초라니까요"라고 답했다 한다. 하찮아 보이는 잡초도 예쁜 화분에 담으면 그럴싸해지는 이치는 동서고금 어디서나 마찬가지인가 보다.

1 어떤 게 자라날까? 깜짝 놀랄 기쁨을 선사해 주는 '깜짝 화분'. 2 경계석에 자라난 질경이와 개여뀌. 번지지 않게 관리해 남길 수 있는 것은 남긴다.

잡초를 절화로 활용한다

꽃집에서 파는 우아한 장미와 카사블랑카도 좋지만 소담한 잡초 꽃 몇 송이를 자그마한 꽃병에 꽂아 두어도 집안이 환해진다. 꽃집에서는 절대 살 수 없는 식물이다.

풀 뽑는
법

뿌리째 뽑아야 되나요?

"잡초는 반드시 전부 뽑아야 하나요?"
잡초 때문에 고민하는 사람들이
가장 많이 하는 질문이다. 각각의
정원 상태와 어떤 정원을 만들고
싶은가에 따라 대답은 달라진다. 즉, 각각의 가치 기준에 따라
답은 천차만별이다. 정원에 잡초가 생기는 게 보기 싫다면 모두
뽑는 수밖에 없다. 넓은 정원을 가진 사람 대부분이 잡초 때문에
고민하는데 그런 사람들은 정원이 있는 게 하나도 기쁘지 않다고
말하기도 한다. 어떤 곳이든 흙만 있으면 반드시 잡초는 생겨난다.
그렇다면 잡초와 함께 살아가는 방법을 고민하는 편이 정원을 좀
더 즐거운 곳으로 만들 수 있지 않을까.

깎아 다듬기

그래서 우리가 제안하는 방법은
잡초를 깎는 것이다. 높이를 맞추어
깎아 다듬어 초록색 지피식물로
삼으면 멀리서 볼 때 초록 융단처럼
보인다. 일본의 1950~1960년대 무렵
집 근처의 빈터 풍경이 이랬다. 잡초를

깎아 다듬다 보면 잡초의 천이를 멈출 수 있다. 끝없이 자라게 놔두면 점점 키가 큰 잡초가 늘어나면서 지면에 붙어 자라는 잡초는 광합성을 할 수 없게 되어 사라져 간다. 이것이 자연스런 잡초의 천이다. 무성해지지 않을 정도로 깎아 다듬으면 잡초의 천이를 멈출 수 있다. 특히 한해살이풀에게 효과가 좋다.

깎아 다듬다 보면 작은 키에서도 꽃을 피운다는 사실을 발견하게 되는데, 그럴 때마다 깜짝 놀라곤 한다. 씨앗을 만들어 자손을 남기는 잡초의 지혜를 엿보는 재미가 쏠쏠하다. 우리는 풀베기를 좋아한다. 잡초를 뽑지 않고 짧게 깎는다. 풀을 벨 때마다 땀을 줄줄 흘리면서도 베어 낸 풀에서 나는 풀냄새가 좋아서인지 기분이 상쾌해진다. 풀냄새 깊은 곳에는 초록이 주는 신뢰감이라고 해야 할까, 인간을 본능적으로 안심시키는 안정제가 들어 있는 것 같다.

높이 5센티미터의 미학

우리는 잡초를 5센티미터 정도 높이로 다듬는다. 이 높이를 기준 삼아 깎다 보면 어느 순간 정원에는 키가 5센티미터인 풀만 자란다. 그보다 키가 큰 잡초는 꽃눈이 잘려서 씨앗을

1 처음에는 잔디밭이었는데 지금은 완전히 잡초밭으로 바뀌었다. **2** 짧게 다듬다 보니 땅 가까이에서 꽃을 피운 황새냉이. **3** 키가 5센티미터 정도면 잡초가 자라는 것을 억제하고 잔디의 기세를 유지할 수 있다.

만들 수 없기 때문이다. 그리고 이 높이로 깎으면 잡초의 생장이 훨씬 늦어진다. 더 짧게 깎으면 더 효과적일까 싶어서 5센티미터 이하로 깎은 적도 있는데, 그렇게 하자 재생력이 강해져 더욱 급속하게 쑥 자라났다. 키가 5센티미터 정도이면 지표면으로 비치는 빛을 차단해 다른 잡초의 씨앗 발아를 억제할 수 있다. 또한 지표면의 열과 습기를 적절하게 유지해 주어 여름에는 더위를 식히기 위해 바닥에 물을 뿌리는 것과 똑같은 효과를 낸다. 한편으로는 토양생물들이 살 곳도 제공해 준다. 그동안 잡초는 모두 뿌리째 뽑아야만 한다고 여기던 고객들에게 이 사실을 알려 주었더니 정원을 가꾸는 마음이 한결 편안해졌다고 좋아했다. 이 방법은 잔디정원에도 적용할 수 있다(77쪽 참조).

1

풀 뽑는 시기

길고 긴 혹독한 추위가 이어진 뒤 이른 봄에 생겨난 잡초를 보면 오랫동안 그리워하던 친구라도 만난 듯 반갑기 그지없다. 하지만 그런 잡초도 날이 갈수록 여름 잡초에게 자리를 내주면서 초록빛도 짙어지고 키도 커지는 등 점점 꼴 보기 싫은 존재로 변해 간다.

잡초가 무성해지는 게 싫다면 4~5월에 풀 뽑기와 풀베기에 착수하는 편이 좋다. 잡초가 무성해지기 전인 5월 초순에 미리 풀 뽑기를 해 두면 이후 자라는 기세를 억제할 수 있다. 종류에 따라 다르기는 하지만 꽃에 씨앗이 달려 떨어지기 전에 깎아 다듬거나 뿌리째 뽑으면 세력 확장을 막을 수 있다.

또한 초봄에 나온 잎들이 생장하느라 뿌리의 영양분을 다 쓰고 난 뒤에 "자, 이제부터는 광합성을 해서 영양분을 모으자!"라며 잎을 한껏 펼치는 신록의 계절에 땅에 바싹 붙여 자르거나 뿌리째 뽑아 광합성을 할 수 없게 차단하면 영양분을 축적할 수 없어 급속히 쇠락해 간다. 이후에는 가능하면 2주에 한 번 깎는다. 매해 반복하다 보면 어느 순간부터는 한 달에 한 번 꼴로 줄여도 된다. 한여름, 날이 가장 뜨거울 때면 정원이라도 좀 시원해 보였으면 싶어서 잡초를 없애고 싶은 마음이 더욱 간절해지는데, 사실 더우면 밖에 서 있을 기력도 없다. 저녁에 선선해지면 해야지 하고 나갔다가는 모기떼에게 뜯기기 십상이고 소나기가 쏟아지기도 해서 쉽지가 않다.

그럴 때는 캠핑용 프레임식 타프가 큰 도움이 된다. 직사광선을 오랜 시간 직접 받게 되면 체력도 급격히 소모되고 열사병에 걸릴 위험도 크다. 타프를 설치해 그늘을 만들면서 풀베기 작업을 하면 훨씬 수월하게 할 수 있다.

타프를 설치할 수 없는 곳에서는 작업하는 사이사이에 건물이나 나무 그늘로 몸을 피한다. 그늘에는 물통과 소금을 두어 소금을 녹여 먹으며 수시로 수분을 취한다. 물만 마시면 미네랄 성분이 부족해 몸은 균형을 취하기 위해 오히려 수분을 체외로 배출한다. 결국 탈수 증상이 생기고 만다. 이를 방지하기 위해서도 소금을 함께 먹는 것이 중요하다. 소금은 미네랄 성분이 풍부한 자연 해수 소금과 암염이 좋다.

풀베기는 하는 만큼 반드시 진척이 있다. 포기하지도 말고, 그렇다고 무리 하지도 말고, 기분 좋게 땀을 흘리면서 성취감을 느껴 보자.

1 한여름 풀 뽑기 할 때 유용한 캠핑용 타프.

풀베기의 마음가짐

조금씩 자주

한 번에 끝내려는 생각은 금물. 어디까지 자라나 방치해 두었다가 단번에 뽑으려면 잡초의 기세에 질리고 만다. 그러는 사이 잡초는 더 쑥쑥 자란다. 단번에 끝내자! → 잡초의 기세에 눌린다 → 더 쑥쑥 자란다 → 그래 한 번에 뿌리 뽑자! → 잡초라면 진절머리가 나서 손도 대기 싫다 → 더 쑥쑥 자란다. 이런 악순환에 빠지고 만다. 하루 할당량(면적과 시간)을 정해 놓고 매일 조금씩 하는 것도 방법이다. 그러다 보면 매일 정원을 살피게 되어 정원의 다양한 변화와 식물의 생장, 곤충들과 뜻밖의 만남을 더욱 여유롭게 즐길 수 있다.

편한 자세로

뿌리째 뽑을 때에는 쭈그려 앉은 채 일하게 되는데 그러다 보면 몸에 금방 무리가 간다. 바닥에 시트를 깔아 무릎을 대거나 시트에 앉아서 하면 자세가 편안해서 풀 뽑기가 훨씬 수월하다. 우리나라에서는 탄력성 있는 줄을 다리에 끼워서 몸에 부착시킬 수 있는 동그란 방석을 많이 사용한다. 집중해서 하다 보면 시간 가는 줄 모를 때가 있다. 아무리 자세가 편하더라도 오랜 시간 계속하면 온몸 여기저기에서 비명이 터진다. 가끔씩 일어나 다리와 등을 펴는 등 스트레칭을 해 준다.

1 편한 자세로 일하기 위해 사용하는 시트.

그늘을 이용

풀 뽑는 계절은 자외선이 강한 계절이기도 하다. 피부도 신경 쓰이고 무엇보다도 열사병이 무섭다. 우리는 건물이나 나무 그늘을 이용해서 그늘에서 그늘로 이동하면서 풀 뽑기를 한다. 이렇게만 해도 체력 소모를 훨씬 줄일 수 있다. 잔디가 중심이고 나무가 없는 정원을 관리할 때도 있는데 그런 때에는 캠핑용 타프를 가지고 가서 그늘을 만들면서 제초작업을 한다.

사람 손을 빌려 한꺼번에

어쩔 수 없이 한 번에 끝내야 한다면 여러 사람이 같이 한꺼번에 일하는 편이 좋다. 일을 끝낸 뒤 정원에서 차를 마시거나 밥 한 끼 같이 하면 관계가 돈독해지는 계기가 되기도 한다.

무성해진 정원의 잡초 제거 비결

오랫동안 방치해 두어 잡초가 무성해질 대로 무성해진 정원은 잡초 제거 작업 자체는 힘들지만 그래도 끝나면 뭔가를 했다는 성취감은 크다.

① 우선은 줄기가 굵은 것, 키가 큰 것을 골라 뿌리째 파낸다.
② 한번 쓱 훑어 보면서 눈에 띄는 것부터 뽑는다.
③ 5센티미터로 깎아 다듬는다. 이렇게만 해도 꽤 깨끗해진 느낌이 든다.
④ 그 뒤로는 2주에 한 번, 눈에 띄는 것을 뿌리째 뽑거나 5센티미터 높이로 깎아 다듬는다. 이 방법을 시즌이 끝날

때까지 반복한다. 다음 시즌은 4월 말이나 5월 초부터 제초작업을 시작한다. 이를 3년 정도 반복하면 점점 키가 작은 풀만 자란다.

1 제초 전 잡초로 무성했던 정원. 2 제초 후의 모습. 잡초가 무성해지면 통풍이 안 되어 작은 키 나무가 잘 자라지 못하고 큰 키 나무의 아래쪽 가지도 말라죽기 쉽다.

뿌리째 뽑을 때

뿌리째 뽑을 때는 바닥에 시트를 깔아 앉아서 하거나 한쪽 무릎을 시트에 대는 등 편안한 자세를 찾아서 한다. 낫을 쥐고 잡초 뿌리 부근에 낫날을 깊숙이 찔러 넣어 뿌리를 잘라 내면 흙이 풀리면서 훨씬 쉽게 뽑힌다. 아스팔트나 벽돌 틈에 생겨난 풀을 뽑을 때에는 틈새를 따라 낫을 그어 주면 쉽게 뽑힌다.

여러해살이풀의 경우 새싹일 때에는 김매기에 쓰는 낫으로도 쉽게 뽑을 수 있지만 무성해진 뒤에는 뿌리가 단단해져 여간한 도구로는 잘 뽑을 수 없다. 그럴 때에는 포기마다 움켜쥐고 뽑는 수밖에 없다. 뽑고 난 뒤에는 흙을 잘 털고 도중에 뿌리가 잘려 나가지는 않았는지 일일이 확인해야 한다. 뿌리가 잘려 있다면 남아 있는 뿌리에서 다시 생장하는 경우가 많다. 어쨌든 뿌리째 뽑기는 포기가 작을 때, 키가 커지거나 덩굴지기 전에, 잎이 작을 때 등 시기가 중요하다.

땅에 바싹 붙여 깎을 때

땅에 바싹 붙여 깎을 때 쓰는 도구로는 낫이나 양손가위가 좋다. 이런 작업을 하다 보면 허리를 굽히게 되어 허리와 무릎에 부담이 가기 때문에 주의해야 한다. 장소가 넓다면 제초기 등의 기계를 쓰는 편이 편리하다.

3 틈새에서 생겨나는 잡초의 제초 전과 후. 포기 밑동을 꽉 움켜잡고 틈새를 따라 낫으로 그으면 뿌리째 쉽게 뽑힌다.

뽑은 풀의 처리 방법

마른 잎이나 뽑아 놓은 풀은 그대로 두어도 토양생물과 토양미생물의 힘으로 결국 분해되어 흙으로 돌아가지만 비와 습기 때문에 미숙한 유기물 상태로 있는 기간이 길어져 민달팽이나 밤나방 애벌레를 불러들이기 쉬운 환경을 만들게 된다. 그럴 때에는 잘 모아서 퇴비로 만들거나 초목회草木灰를 만들면 좋다. 이를 정원 흙에 돌려놓으면 생태계의 작은 순환이 이루어진다.

잡초 퇴비 만들기
① 잡초를 깎아 긴 것은 15센티미터 정도로 자른다. 뿌리 부분은 잘라서 떼어 놓고 윗부분만 쓴다.
② 밤이슬이나 비에 젖은 것은 햇빛과 바람에 가볍게 건조시킨다(너무 건조시키면 잘 분해되지 않는다).
③ 어느 정도 통기성 있는 용기(흙 부대, 나무상자 등)에 흙과 잡초를 번갈아 넣는다.
④ 한 달 정도마다 뒤적거려 준다. 다른 용기로 옮겨 주면서 공기가 통하게 한다. 수분은 움켜쥐면 경단 모양이 되고 털어 내면 손에 붙지 않을 정도로 조절한다.
⑤ 3~6개월 후 잡초의 원형이 사라졌다면 완성이다!

초목회 만들기
① 잡초를 잘 말린다. 그렇지 않으면 태웠을 때 연기가 많이 난다.
② 드럼통 안에 숯불을 넣어 불을 피우고 잡초를 조금씩 넣는다. 한꺼번에 넣으면 연소 온도가 올라가므로 적절히 넣는 것이 중요하다.

③ 완성된 초목회는 칼륨, 인산 등의 미네랄을 듬뿍 함유하고 있으므로 땅에 뿌리면 토양 개량에 도움이 되며 꽃도 잘 핀다.
④ 잎에다 살짝 뿌려 두면 잎을 먹어치우는 곤충의 기피제로도 쓸 수 있다. 그리고 보니 일본의 전래동화 《꽃을 피우는 할아버지》주인공인 마음 착한 할아버지가 나무로 만든 절구를 불에 태워 재를 만든 뒤 마른 벚나무에 뿌렸더니 꽃이 피었다는 대목이 나온다는 초목회를 뿌려 꽃을 잘 달리게 한 게 아닌가 싶다.

1 비 등으로 젖은 잡초는 살짝 말리면 좋다. 너무 건조시키면 분해 속도가 늦어진다. 길이가 긴 것은 짧게 잘라 넣는다. 넣을 때마다 흙으로 살짝 덮어 준다. 한 달 주기로 뒤적여 주면 좋다.

풀 뽑기의 함정

풀 뽑기를 한 뒤 옷에 씨앗이 붙어 오거나 뽑아 놓은 잡초의 마른 꽃에서 꽃씨가 폴폴 날아가는 것을 보고 있으면 내가 풀 뽑기를 했는지 씨 뿌리기 했는지 알 수 없을 때가 있다. 풀 뽑기를 한답시고 열심히 씨를 뿌리고 돌아다닌 셈이다. 그러니 가능하면 씨앗이 생기기 전에 풀 뽑기를 하는 것이 좋다.

잡초는 자연스럽게 생겨나기 마련이므로 만약 아무 일도 하지 않았는데 풀이 올라오지 않았다면 이는 곧 사막화의 시초일지도 모른다.

그러니 잡초를 근절하겠다는 말, 없애겠다는 말은 곧 사막화시키겠다는 말과 그리 다르지 않다. 결국 잡초가 생겨나는 비옥한 환경과 어떻게 조화를 이루며 살아갈 것인지가 과제다.

뽑기 쉬운 풀과 어려운 풀

풀 뽑기를 하다 보면 쉽게 뽑을 수 있는 풀과 그렇지 않은 풀이 있다는 사실을 알 수 있다. 쥐꼬리망초, 털별꽃아재비, 별꽃 등 뿌리가 깊게 뻗지 않는 작은 풀은 쉽게 뽑힌다. 이와 달리 땅속줄기로 뻗어 가는 약모밀, 쇠뜨기, 머위 등은 뽑기가 만만치 않다. 괭이밥의 뿌리는 의외로 깊고, 타래난초도 청초한 겉모습과는 달리 뿌리가 단단해 쉽게 뽑히지 않는다. 토끼풀과 산뱀딸기도 줄기 부분만 뜯기고 뿌리는 그대로 남아 있기 십상이다. 마찬가지로 민들레, 명아주, 죽자초 등 심근성深根性 풀은 좀처럼 뽑히지 않는다. 이 밖에도 덩굴성 식물은 뽑기 힘들다. 계요등, 거지덩굴 등은 뿌리가 조금이라도 남아 있으면 재생한다. 봄망초와 개망초는 중간 정도에 속하는데 군락을 이룬 곳은 뿌리가 기는줄기runner처럼 계속해서 뻗어 나가며, 자갈이 깔린 곳에서는 뽑기가 무척 힘들다. 뽑기 힘든 풀은 나온 순간 바로 뽑든지 수시로 땅 가까이 바짝 깎아서 기세를 꺾는다.

1 잡초 뿌리는 우엉 같은 심근성 뿌리와 수염뿌리로 나뉜다. 땅속줄기와 기는줄기로 포기를 늘리는 잡초도 있다.

풀 뽑기
도구

뽑기용, 깎이용, 긁기용 등 용도에 따라 다양한 도구가 있다.

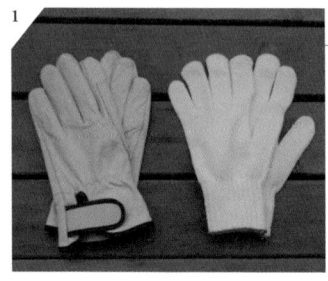

목장갑·가죽장갑

풀베기를 한다고 하면 풀을 베는 도구에만 눈이 가기 마련인데 의외로 목장갑이 무척 중요한 역할을 한다. 가시가 있는 잡초도 있으므로 작업용 가죽장갑도 하나 있으면 편리하다.
가죽장갑이 있으면 잡초뿐만 아니라 은목서나 장미를 손질할 때에도 편리하다.
잡초 가운데에는 유독식물도 많다. 잎이나 줄기가 찢어지면 하얀 유액 상태의 즙이 나오는데 피부가 약한 사람은 염증이 생기기도 한다. 맨손으로 만지지 말고 한여름 무더울 때에도 장갑을 착용하는 편이 좋다.
목장갑과 가죽장갑은 손끝이 잘 맞는 것으로 고른다. 잡초 제거는 손끝으로 하는 섬세한 작업이 필요하므로 헐렁한 장갑을 끼게 되면 도중에 벗어던지고 싶어질 것이다. 비닐장갑이나 고무장갑은 찢어지기 쉬운 데다가 금방 땀이 차기 때문에 그리 권하고 싶지 않다.

작은 낫

뿌리를 뽑는 제초 도구도 형태가 무척 다양해졌다. 지레를 이용해 뿌리를 파내는 도구, 우둘투둘한 칼끝으로 잡아끄는 도구, 끼워 넣어 잡아 뽑는 도구 등 다양한 형태가 있는데, 이것저것 써 보았지만 반나절 혹은 하루 종일 장시간 작업할 때는 구조가 단순한 작은 낫이 쓰기에도 편하고 피로감도 적다.

이끼 제거용 미니 낫을 추천하고 싶은데 제조사에 따라 명칭이 다양하므로 매장에서 눈으로 직접 확인해 보는 게 좋다. 낫의 칼 전체 길이가 8센티미터 정도이고 날이 우둘투둘하지 않은 것이 쓰기 편하다. 이걸로 뿌리를 풀어서 뽑거나 아스팔트 틈새로 비어져 나온 잡초를 파내거나 한다. 작은 낫을 쓸 때에는 짧게 쥐고 칼날에 힘을 준다.

이 밖에도 여러 도구를 시도해 보고 자기에게 맞는 도구를 찾으면 된다. 만약 마음에 드는 게 있다면 여러 개 구매해 두면 좋다. 가드닝 제품은 갑자기 제조가 중단되는 일이 많기 때문이다.

1 왼쪽이 가죽장갑, 오른쪽이 목장갑이다. 장갑은 가능한 한 손에 꼭 맞는 것을 써야 피로를 줄일 수 있다. 2 작은 낫은 흙뿐만 아니라 콘크리트 틈새 등에서도 쓸 수 있어 편리하다.

중간 낫(흔히 낫이라 부르는 것)

낫은 사용 방법을 잘 기억해 익혀 두지 않으면 다칠 위험이 크기 때문에 주의해야 한다. 하지만 능숙하게 사용할 수 있게 되면 휴대도 편하고 전원도 필요 없어서 어떤 장소에서나 사용할 수 있다. 낫은 뿌리를 파내거나 아스팔트 틈새의 잡초를 파내는 데에는 적합하지 않다. 어디까지나 뿌리는 남겨 둔 채 윗부분을 벨 때 쓴다. 자루를 길게 잡고 가로 방향으로 손목을 움직이면서 풀을 벤다. 이 밖에 큰 낫도 있다. 큰 낫은 자루가 '나기나타薙刀, 일본의 전통 병기로 긴 목제 손잡이 끝에 곡선의 칼날이 달려 있다'처럼 길다. 제초기가 없었던 시절에 너른 밭이나 경사진 곳의 풀을 벨 때 썼다. 일반 가정의 정원에서는 쓸 일이 별로 없다.

엔진식 제초기

가솔린을 연료로 하는 엔진식 제초기는 빠른 시간에 풀베기를 끝낼 수 있어 유용하다. 하지만 기계 자체의 무게 때문에 오랜 시간 사용하면 몸 이곳저곳이 아파온다. 자주 쉬면서 혹은 몇 명이 교대로 사용하는 게 좋다. 금속 칼과 나일론계 칼이 있는데 대부분의 기계는 어떤 칼이든 장착할 수 있다. 사용 방법은 먼저 벨트로 높이를 조절하고 엔진을 걸어 어깨에 비스듬히 멘다. 작은 돌이 튀어 위험할 수 있으니 헬멧, 고글, 긴 부츠, 두꺼운 앞치마 등 보호 장비를 착용한다. 근처에 자동차가 세워져 있다면 사전에 이동해 두거나 자동차 주변을 판자 등으로 덮어 둔다. 유리창이

있는 곳도 판자 등으로 덮어 두는 편이 좋다. 연료가 가솔린이어서 이산화탄소 배출 때문에 배기가스 냄새가 심할 수 있으므로 화학물질에 민감한 사람에게는 부적합하다. 넓은 면적을 제초할 때에는 제초 칼날과 바퀴를 모터 혹은 엔진으로 구동하는 자주식 제초기가 편리하다. 바퀴 네 개를 핸들로 조작해 쓴다. 자주식 제초기(일본에서는 '엔진 잔디깎이'라는 이름으로 판매되는 상품이 많다)를 사용하는 지인의 이야기를 들어보면 베는 폭이 좁은 것이 가격도 저렴하고 사용도 편리하다고 한다. "야들야들하면서 탄탄한 잔디가 가장 깎기 어렵고, 봄망초나 참억새 등의 잡초는 키가 1미터라도 깎을 수 있다"고 지인은 말한다. 단, 가격이 비싸기 때문에 넓고 평평한 정원이 아닌 이상 비용 대비 효과를 잘 따져 봐야 한다.

1 중간 낫은 좌우로 잡아당기기 때문에 다치기 쉬우니 주의해야 한다. 2 제초기를 사용할 때에는 얼굴을 가리는 헬멧이 있으면 편리하다. 3 앞에 있는 것이 엔진식 제초기 뒤쪽은 자주식 제초기다(사진_와타나베 아키히코). 4 승차식 제초기는 카트처럼 올라타 운전한다(사진_와타나베 아키히코). 5 자주식 제초기 사용 방법(사진_와타나베 아키히코).

전동식 제초기

전동식 제초기는 엔진식보다 가벼워 여성도 다루기 쉽다. 하지만 전원이 없는 곳에서는 쓸 수가 없다. 코드가 있어서 주의해야 하는데 자칫 잘못하다가 코드를 잘라 버리는 수가 있다. 사용 방법과 복장, 방호 장비는 엔진식 제초기와 같다.

충전식 제초기

충전해 두면 코드가 필요 없어서 사용하기 편리하다. 하지만 배터리가 꽤 무겁다. 아무래도 파워 세기가 그리 만족스럽지는 못하다.

전동식 잔디깎이

최근에는 두 바퀴로 된 잔디깎이 중에서도 깎는 높이가 5센티미터까지인 것이 많아졌다. 얼마 전까지만 해도 5센티미터 정도로 깎는 것은 찾아보기 힘들었고, 최장 높이라고 해 봐야 3센티미터 정도 높이로 깎는 게 일반적이었다. 아마도 골프장의 잔디를 기준삼아 짧은 지피식물을 만드는 것이 상식이 되었기 때문인 듯하다. 지금은 각 제조사에서 5센티미터까지 깎는 제품을 내놓고 있어서 제품을 구입할 때에는 깎는 높이를 잘 확인하고 구입하기 바란다. 사용할 때에는 코드를 자르지 않게 조심해야 한다. 깎은 풀이 담기는 풀통은 자주 비워 준다. 무성해진 잡초를 깎다 보면 칼날에 풀이 휘감겨 기계가 멈출 수 있으므로 무성해지기 전에 깎는 편이 좋다.

3

선호미와 풀괭이

좁고 긴 땅, 넓은 면적, 밭두둑 등의 잡초를 제거할 때 쓴다. 이제 막 돋아난 잡초를 지표면에서 단번에 긁어 낼 때 편리하다. 풀괭이는 곳에 따라 부르는 명칭이 다양하다. 이 도구들은 어떤 잡초에나 쓸 수 있지만 이제 막 나기 시작한 잡초는 뿌리가 강하게 뻗지 않았기 때문에 특히 유용하다.

키가 자란 잡초, 뿌리가 단단히 자리 잡은 잡초는 낫이나 제초기를 이용하는 편이 좋다.

1 전동식 제초기. 코드를 자르지 않도록 주의하자. 긴 장화를 신으면 발을 보호할 수 있다. 2 전동식 잔디깎이는 잔디를 중심으로 키 작은 풀을 깎을 때 쓴다. 키 큰 잡초는 제초기를 사용한다.
3 오른쪽부터 풀괭이, 선호미, 낫(중간 낫).

전지가위

면적이 그리 넓지 않은 곳에서 잡초 뿌리는 남겨 두거나 잡초를 잔디처럼 지피식물처럼 만들고 싶을 때 쓴다. 잔디깎이용 가위도 있다. 전기와 엔진을 쓰는 기계와는 달리 손 도구를 쓰는 수작업은 조용히 자연의 소리를 들으며 일할 수 있다는 점이 최대 장점이다.

1 오른쪽부터 잔디 전용 전지가위, 소형 전지가위, 일반 전지가위.

잠초를 더 잘 알기 위해 알아 두어야 할 기초 지식

③

잡초란 무엇인가?

이 책에서는 정원, 빈터, 밭 등에 자연스럽게 생겨난 풀을 잡초라 불렀다. 내가 심고 싶은 식물만 모아서 씨를 뿌리고 가꾸어 예쁜 화단이랑 텃밭을 만들고 싶다는 소망을 품고 정원 일을 시작하지만 늘 초대받지 않은 손님이 불쑥 나타난다. 말하자면 잡초는 인간이 아무리 방해해도 자연스럽게 나고 자라는 식물인 셈이다. 이미 인간의 활동이 이루어지는 곳에서는 그런 상황 변화에 맞추어 가장 잘 적응할 수 있는 잡초가 끊임없이 나고 사라진다. 즉, 잡초는 자립적으로 인간과 공생하는 자연의 힘이라 볼 수 있다. 만약 잡초가 전혀 자라지 않는다면 사막이나 극지 같은 환경이 되었다는 방증이거나 혹은 화학물질 등의 오염으로 생물이 활동하기 어려운 환경이 되었다는 뜻이다. 잡초는 늘 어디서나 자라는 성가신 존재로 취급받는다. 하지만 관점을 조금만 바꾸면 인간이 아무리 자연을 파괴하더라도 자연은 늘 손을 내밀어 주며, 그때 맨 먼저 그리고 가장 가까운 곳에서 손 내미는 식물이 바로 잡초라는 사실을 깨닫게 된다. 이렇듯 인간이 자연과 공생하기 위해서는 우선 잡초와 좋은 관계를 맺는 일이 중요하다.

잡초는 기본적으로는 재래종이지만 근대에 들어와서는 외래종이 수없이 유입되었다. 외래종 대부분은 목초나 원예종으로 해외에서 일부러 수입해 오거나 다른 수입품에 씨앗이 붙어서 들어온 것이다. 인간의 사회활동 때문에, 인간 스스로 가지고 들어온 셈이다. 항구 가까이에는 외래종 잡초가 유난히 많으며 최근에는 일본에 있는 미군기지 활주로에 외래종 잡초가 특히 많아졌다고 한다. 비행기가 이착륙할 때 바퀴나 격납고 안쪽에 붙어 있던 씨앗이 떨어지기 때문이라고 한다. 이런 풀들 중에는 이후에 인간의 손으로 관리할 수 없는 곳, 자라지 않았으면 하는 곳까지 세력을 확장해 사람들의 미움을 받고 근절 대상으로 분류되는 것들도 있다.

꽤 오래 전에 귀화해서 일본인의 생활 속에 뿌리 깊게 자리 잡은 식물 중에는 최근 감소하거나 멸종위기종이 된 것도 많다. 그중에는 개불알풀도 있는데, 개불알풀은 큰개불알풀에게 자리를 내주었다.

잡초라기보다 산야초라고 보는 편이 좋을지도 모르지만 가을의 일곱 가지 풀秋七草, 가을에 꽃이 피는 일곱 가지 풀로 싸리, 억새, 칡, 패랭이, 마타리, 등골나물, 도라지를 가리킨다의 하나인 등골나물도 멸종위기종으로 '화훼전문점에서 팔고 있어서 샀다'고 해서 보면 동속타종 혹은 잡종이다. 도라지도 자생지가 줄고 있다.

대구돌나물과 생이가래 같은 수생식물은 지역별 레드데이터북Red Data Book, 멸종 위기 야생 생물의 보전상황 분포, 생태, 환경 요인 등의 정보를 기재한 도서로 국제자연보호연합IUCN이 중심이 되어 1966년 작성한 보고서가 시초이며 현재는 각 국가별·단체별로 이에 준하는 보고서를 작성하고 있다에 거론되는 것이 많으며 지역에 따라서는 멸종이 임박한 종도 있다.

반대로 일본에서 해외로 진출한 잡초도 있다. 칡은 미국에서 눈 깜짝할 사이에 늘어나 지금은 '몬스터 플랜트monster plant', '페스트 플랜트pest plant' 등으로 불린다. 몇 주 집을 비운 사이 주차장에 세워 둔 차가 칡넝쿨에 휩싸였다는, 허풍인지 사실인지 알 수 없는 말을 들은 적도 있다. 일본에는 칡의 줄기에서 즙을 빨아먹는 배자바구미라는 바구미가 있어서 구즈쿠키쓰토후시라는 벌레혹충영을 만든다. 어쩌면 칡은 그 무엇보다 인간이 가장 무서울지도 모른다. 옛날에는 칡탕을 만들거나 갈근탕 등을 만들기 위해 뿌리째 파냈다. 오랜 세월 인간과 함께 살아온 잡초라면 몬스터가 될 일은 없을 것이다. 이 밖에도 참억새, 인동덩굴, 으름덩굴, 찔레나무, 뽀리뱅이, 광대나물, 떡쑥, 주름잎 등도 북미에서 볼 수 있다.

에도시대에 들어온 소래풀

봄날 저녁 무렵 꽃들이 길가 여기저기에 소복이 피었다. 소래풀(보라유채, 제비냉이라고도 한다)이다. 유채꽃밭 하면 세상을 온통 노랗게 물들이는 꽃물결을 떠올릴 테지만 이 꽃은 보라색이다. 게다가 소래풀은 밭이 아니라 길가, 어디서 씨가 날아왔는지 모르지만 정원에서도 많이 보인다.

사실 이 꽃도 에도시대에 채소 혹은 유채기름용으로 유입된 것이라 한다(중국 원산이지만 유럽 등에도 널리 퍼져 있어 어떤 경로로 들어왔는지 정확히 밝혀지지는 않았다. 메이지시대(1868~1912년, 19세기)에 유입되었다는 설도 있다. 쇼와시대 후기(1970~1980년대)까지는 신문에서 "소래풀 씨앗 드립니다"라는 공고를 볼 수 있을 정도로 희귀했다고 한다. 간토 지방 중에도 따뜻한 곳에서는 4월 상순에 꽃을 피우며 수많은 곤충들이 꿀을 찾아 모여든다. 가까스로 겨울을 넘긴 생명들에게는 생명을 이어 줄 일용할 양식을 나누어 주는 무척 반가운 꿀일 것이다.

잡초의 생활사

잡초와 함께 살아가기 위해서는 무성하게 우거진 모습만 볼 게 아니라 잡초가 어떤 생애를 거쳐 일생을 마감하고 다음 세대에게 자리를 내어 주는지 전체적인 흐름을 볼 필요가 있다. 먼저 잡초의 일생을 간단히 살펴보자.

한해살이풀

씨앗이 떨어진 뒤 발아 → 생장 → 개화 → 결실 → 고사하는 생애주기가 한 해 안에 이루어지는 풀을 의미한다. 즉, 해마다 씨앗에서 삶을 시작하는 형태다. 봄에 발아하는 것과 가을에 발아하는 것이 있다. 가을에 발아해서 이듬해 봄에 꽃을 피워 결실을 맺는 풀은 해를 걸쳐 생장하지만 1년 이내에 결실을 맺고 말라 죽기 때문에 가을 발아 한해살이풀원서에는 '월년초' 혹은 '월년1년초'로 부르며 우리나라는 두해살이풀로 부른다이라 한다. 가을에 발아해 이듬해 봄에 꽃을 피우고 결실을 맺는 풀로는 큰개불알풀, 뚝새풀 등이 있다. 봄에 발아해 여름부터 가을에 걸쳐 꽃을 피우는 대표적인 식물로는 쇠비름, 바랭이 등이 있다. 이런 식물 중에는 개쑥갓처럼 씨앗이 휴면하지 않고 환경 조건이 발아에 적합하기만 하면 계절에 상관없이 1년 내내 꽃을 피우는 한해살이풀도 있다.

두해살이풀

발아 → 생장 → 개화 → 결실까지 1년 이상이 걸리는 식물로,

열매를 맺은 뒤에는 고사한다. 뿌리에 영양분을 모으는 데에
시간이 걸려 포기를 제대로 만든 뒤에 꽃을 피우기 때문에
1년으로는 시간이 부족하다. 큰달맞이꽃은 두해살이풀인데
개중에는 몇 년이 지나야 꽃을 피우는 개체도 있다.

여러해살이풀

한번 발아해 생장하면 매해 계절마다 꽃을 피우는 식물을
의미한다. 1년 내내 지상부가 남아 있는 것과 계절에 따라
지상부가 말라 죽는 것이 있다. 지상부가 말라 죽어도 지하부는
휴면 상태로 남아 있다. 광합성으로 얻은 영양분을 땅속에 축적해
매해 성장한다. 참억새가 대표적이며, 해마다 포기가 커져서
뽑기가 만만치 않다. 약모밀도 땅속줄기에 영양을 비축해 두고
봄이 되면 여기저기서 얼굴을 내민다.
이와 같은 분류는 생육, 개화에 따른 분류인데 망초 등은 발아한
시기에 따라 한해살이풀이 되기도 하고 두해살이풀이 되기도 한다.
잡초는 악조건 속에서도 살아가기 때문에 반드시 인간의 분류대로
생장하지는 않는다. 분류는 어디까지나 인간의 편의상 만들어 놓은
것일 뿐이다. 식물이 인간의 분류에 맞추어 살아가는 것이 아니기
때문에 분류에 들어맞지 않는 식물이 있는 건 어찌 보면 당연하다.

형태에 따른 분류

잡초를 자세히 들여다보면 형태가 참 다양하다. 아무리 작더라도 잎, 꽃, 줄기 등 참으로 복잡하고 다양한 형태를 띤다. 잡초를 분류하는 방식은 여러 가지인데 잡초도감 등을 검색할 때 도움이 될 만한 분류를 소개하고자 한다. 누마타 마코토沼田真, 일본의 생태학자, 1917~2001 박사의 생육형 분류를 참고로 지상부의 생육 형태에 따라 분류한 것이다.

직립형 줄기가 꼿꼿하게 위로 뻗은 직립성 식물로 직립한 줄기에 잎이 달린다. 쑥, 양미역취 등이 이에 속한다.

로제트형 땅에 바싹 붙어 잎을 펼치고 줄기에는 잎이 붙지 않는 형태다. 민들레, 질경이 등이 이에 속한다. 이 밖에 일정 기간만 로제트로 지내고 이후에 줄기가 직립하고 잎이 붙고 나서는 로제트가 없어지는 형태, 또는 로제트를 남기는 형태봄망초 등이 있다. 냉이, 개망초, 봄망초 등이 이에 속한다.

분지형分枝型 줄기가 하부에서 여러 갈래로 갈라져 나와서 주축이 분명치 않은 형태다. 쇠비름, 별꽃 등이 이에 속한다.

포복형 줄기가 땅 위를 기며 마디마디에서 뿌리를 내리는 형태다. 토끼풀, 긴병꽃풀, 피막이 등이 이에 속한다.

총생형 뿌리 부근에서 많은 가지가 나오는 형태다. 대부분의 벼과 잡초가 이에 속한다.

덩굴형　줄기가 덩굴이 져서 다른 식물을 휘감거나 다른 것들에 기대어 뻗어 나가는 형태다. 계요등, 거지덩굴, 메꽃, 칡 등이 이에 속한다.

자료 출처_이와세 도오루岩瀨徹, 《식물의 생활형 이야기-잡초의 삶 : 야외관찰입문》

다양한 잡초

잡초라고 싸잡아 말하지만 사실 각각의 풀에는 제 나름의 성질이 있으며 선호하는 환경도 무척 다양하다. 잡초는 무조건 싫다고 정원의 잡초를 다 없애겠다고 마음먹는다 해도 근절은 불가능하다. 그보다는 잡초의 성질을 잘 이해해 함께 살아가는 방법, 대처하는 방법을 궁리하는 편이 훨씬 쉽다. 그러기 위해서는 잘 관찰해야 한다. 무엇보다 먼저 잡초가 어떤 곳에 생기는지를 이해해야 한다. 잡초의 성질과 생활사를 아는 것 또한 중요하다. 잡초는 잡초가 생겨난 토지의 상태와 환경을 알려 주는 증표이기도 하다.

산성 토양을 선호하는 풀

질경이, 애기땅빈대, 토끼풀, 쇠뜨기, 새포아풀, 제비꽃, 쑥 등이 산성 토양을 좋아한다. 쇠뜨기는 산성 토양에 생기는 대표선수 격이다. 종종 "쇠뜨기가 땅을 산성으로 만들고 있다"고 오해하는 사람도 있지만 산성 토양을 좋아해서 쇠뜨기가 자라는 것이지 쇠뜨기가 자랐다고 해서 흙이 산성화하는 것은 아니라는 사실을 꼭 기억해 두기 바란다. 그 밖에도 강한 산성 토양을 좋아하는 잡초로는 왕호장근이 있다.

알칼리성 토양을 선호하는 풀

양미역취, 냉이, 별꽃 등이 이에 속한다. 일본의 흙은 대부분

약산성을 띠는데 도시의 흙은 콘크리트 때문인지 알칼리성으로 변해 중성 흙을 좋아하는 외래종이 침입하기 쉬운 환경으로 바뀌었다. 인간의 개발이 강력하게 비집고 들어오는 외래 잡초를 늘리고 있다는 말이다.

시골 마을에 자리는 풀

수영, 가는살갈퀴, 닭의장풀, 질경이 등이 이에 속한다. 수영, 가는살갈퀴, 닭의장풀 등은 사람들에게 밟히면 쉽게 쇠락하지만 질경이는 밟힐수록 강해져 사람들이 자주 다니는 곳에 생겨나 군락을 이룬다. 풀을 밟을 때 신발 바닥에 씨앗이 붙어 다른 곳으로 옮겨져 세력을 확장한다.

개발지에 생기는 풀

양미역취, 죽자초 등이 있다.

음지에서 자라는 풀

양치식물, 닭의장풀, 약모밀 등이 이에 속한다. 약모밀은 빛이 그리 들지 않는 습한 곳에서 자란다. 정원 등을 좋아하는데 사람의 발걸음이 잦은 곳에서는 자라지 않는다.

밝은 잔디밭에서 자라는 풀

괭이밥, 타래난초 등이 있다. 타래난초는 화분에 심어 즐기고 싶어도 키우기가 어려운데 빛이 잘 드는 잔디밭에서는 그냥 두어도 잘 자란다. 그 밖에도 잔디와 닮은 벼과 잡초는 밝은 잔디밭에 잘 생긴다.

흙이 산성인지 알칼리성인지, 양지인지 음지인지를 전혀 따지지 않는 잡초도 많다. pH란 산성도와 알칼리도를 나타내는 수치다. 토양 pH가 7이면 중성, 7 미만이면 산성 토양, 7 이상이면 알칼리성 토양이다. 대부분의 작물은 pH6.0~6.5의 약산성에서 잘 자란다고 하는데 이는 어디까지나 기준치일 뿐이다. "일본의 토양은 일반적으로 산성이기 때문에 석회를 뿌리면 좋다"고도 하는데 석회를 뿌리면 흙이 단단해지거나 토양미생물에 피해를 줄 수 있으므로 석회보다는 초목회를 뿌리는 게 좋다. 초목회는 칼륨을 중심으로 인산과 미네랄(미량원소)까지도 포함하고 있다.

잡초의 역할

인간의 생활권 안에서 잡초는 늘 쓸데없는 풀이라며 미움을 받아왔다. 그런 잡초도 오가닉 가든의 관점에서 바라보면 더없이 귀한 존재다. 잡초는 자기가 원하는 곳에서만 자라기 때문에 이곳에만 자라 주면 좋으련만 하고 바라도 인간의 마음대로 되지 않는다. 원하는 모든 잡초가 자라는 정원은 이상일 뿐이며, 바꾸어 생각하면 잡초가 자라난 곳은 그 나름의 의미가 있을지도 모른다.

사실 잡초는 모든 토양을 개량할 수 있다. 토양 개량은 원예식물이나 채소는 할 수 없는 일이다. 농약과 화학비료를 사용해 온 토지를 유기농 밭으로 만들려고 할 때 처음 몇 년 동안은 잡초가 엄청 자라난다. 이를 두고 토양의 오염을 잡초가 정화해 주고 있기 때문이라고 설명하는 견해도 있다.

쇠뜨기를 싫어하는 사람이 많은데 이유를 물어보면 "산성 토양에서 자라기 때문"이라고 한다. 하지만 쇠뜨기가 토양을 산성으로 만드는 것은 아니다. 쇠뜨기는 산성 토양에 가장 먼저 생겨나지만 말라서 죽을 때에는 스스로 만들어 낸 칼슘으로 흙을 중화하는 역할을 한다. 그래서 쇠뜨기가 생겨났던 자리에는 여러 다양한 식물이 자랄 수 있다. 또한 민들레나 명아주 등 우엉 뿌리처럼 곧고 굵은 뿌리를 지닌 잡초는 딱딱한 땅을 부드럽게 일구어 준다.

필요한 곳에 필요한 풀이 자라나 땅을 치유해 나간다. 잡초는 흙과도 공생하지만 잡초끼리도 공생하고 벌레와도 공생한다. 이와 관련한 설명은 1장에서 다루었다. 잡초는 어떤 악조건에서도 견디면서 다른 식물이 살아갈 수 있는 비옥한 토양을 마련해 주고 일구어 주면서 초록 지구의 기반을 만들어 주는 존재다. 그러니 잡초가 자라났다는 것은 파괴된 생태계를 되돌리려는 첫 걸음을

내딛었다는 의미이기도 하다. 잡초의 역할을 하나하나 자세히
살펴보자.

원예종과 작물을 보호하고 생장을 촉진한다

해충을 방지하고 생장을 촉진해 주는 식물을 일컬어
동반식물companion plant이라고 한다. 동반식물로는 허브가 특히
유명한데, 민트와 타임 등은 정원 모든 식물에게 도움을 준다.
식물을 갉아먹는 벌레가 오지 못하게 막는 한편, 벌레의 천적을
불러들이고 채소의 맛을 좋게 하고 생장을 촉진한다. 허브는
서양의 잡초다. 그렇다면 일본에서 잡초라 불리며 미움 받는
풀들에게도 똑같은 효과가 있을 것이다. 실제로 유기농법을
시도하는 사람이 쓴 책을 보면 광대나물이 자라는 밭의 시금치는
단맛이 더 강하다고 한다. 그 밖에도 동반식물인 잡초가 많다.
토마토와 가지에 많이 생기는 큰이십팔점박이무당벌레는
까마중을 엄청 좋아하는데 토마토보다 좋아한다는 보고도 있다.
그렇다면 잡초라고 뽑아 버리지 말고 같이 자라게 하는 방법을
적극적으로 고려해 보는 것이 좋겠다.
우리집 정원의 경험인데, 무성해진 잡초가 소중히 가꾸어 온 원예
식물을 도둑나방이나 민달팽이로부터 지켜 주었다. 잡초가 자라고
있으면 민달팽이는 일단 키가 작은 잡초부터 먹는다(민달팽이도
그 편이 수월할 테니까). 하지만 잡초가 전혀 자라지 않는 곳에서는
곧장 화초로 달려든다. 화단 옆에 자라난 쑥에 생긴 진딧물을
칠성무당벌레가 먹으러 와서는 화단 원예식물의 진딧물까지
먹어치우는 광경도 보았다. 무릎 높이 정도의 잡초로 가득 찬

밭에서 벌레에게 먹히지 않고 쑥쑥 잘 자란 양배추와 토마토를 수확한 적도 있다. 양배추 주위에 토끼풀이 자라고 있으면 벌레들은 토끼풀에만 달려들 뿐 웬일인지 양배추에게는 다가가지 않았다. 농가에서는 밭작물을 해치는 벌레를 먹어치우는 천적을 불러들이는 '천적유지식물banker plants'인 옥수수를 일부러 밭 주위에 심기도 한다. 뱅커banker는 '예금하다bank'라는 단어에서 온 것으로, 진딧물 등이 가득 생기게 두이 천적을 불러들인다는 발상에서 붙은 이름이다.

동반식물   동반식물 하면 서양의 허브와 채소의 조합만 거론하곤 하는데 동양의 잡초도 그런 역할을 한다. 아직까지 관행농가에서는 제초제를 많이 쓰는데 최근에는 잡초를 자라게 두고 짧게 깎기만 하는 과수원이 늘고 있다고 한다. 이는 무농약 사과로 유명한 기무라 아키노리木村秋則의 영향일지도 모른다. 기무라는 주위에 풀들이 무성해도 숲속 나무가 건강하게 자라는 모습을 보면서 사과 과수원에도 잡초가 자라면 나무가 더 튼튼해지지 않을까라는 생각을 했다. 쑥은 진딧물이 생기기 쉬운데 밭 주위에 쑥이 자라고 있으면 무당벌레가 순식간에 찾아든다. 그리고 쑥 말고 다른 식물에 붙은 진딧물까지 먹어 준다. 진딧물은 기본적으로 편식을 해서 쑥에 생기는 종류는 정해져 있지만 무당벌레는 어떤 진딧물이든 먹어치우므로 쑥의 진딧물을 미끼로 무당벌레를 불러들이는 방법이다. 잡초의 역할 연구에 좀 더 힘을 쏟는다면 머지않아 잡초에게 씌워진 오명이 씻길 날도 올 것이다.

잡초 멀칭

멀칭은 땅 표면을 짚이나 나무껍질 등으로 덮는 일을 말한다. 소형 잡초로 멀칭을 해 두면 다른 잡초가 침입하지 않는다. 잡초는 한 종이 무리지어 자라는 일이 많다. 겨울에 팬지만을 인공적으로 심는 식의 단일 재배와는 다르다. 작은 잡초들이 살아남으려면 서로에게 의지할 수밖에 없어서인지도 모르겠다. 그렇다고 다른 종류의 잡초를 배척하는 것은 아니다. 그럼에도 한 잡초가 먼저 무성해지면 다른 잡초는 잘 자라지 않는다. 정원에 토끼풀이 자라고 있을 때 그걸 그대로 두면 다른 잡초는 거의 생기지 않는다. 하지만 토끼풀은 매해 군락을 확대하며 이동한다. 그러면서 토끼풀은 자신의 자리를 다른 잡초에게 양보한다. 우리집 정원에서는 토끼풀에 이어서 주름조개풀이 무리지어 자리 잡았다. 또 군락을 이루는 잡초 대부분은 다른 식물의 발아를 억제하는 물질을 내뿜곤 한다. 이를 타감작용allelopathy이라 한다. 양미역취는 자신이 내뿜는 화학물질로 다른 잡초를 억제하는데 결국 자가중독을 일으켜 최근에는 점점 개체수가 줄고 있다. 바랭이, 쑥, 개망초, 그리고 최근에 급격하게 세를 확장하고 있는 좀양귀비도 타감작용을 한다.

흙의 고정

잡초는 땅을 뒤덮고 뿌리를 뻗어 나가면서 표토를 고정하고 흙이 침식되는 것을 막는다. 내가 사는 곳은 녹차 생산지로 유명한데 강풍이 불면 차밭에서 흙먼지가 인다. 그걸 볼 때마다 잡초가

자라면 흙을 고정해 바람이나 비 때문에 흙이 침식되는 것을 막아
줄 텐데 하고 안타까운 마음이 든다. 옛날에는 논밭의 논두렁에
풀이 자라게 두어 논두렁이 붕괴되는 일을 막았다. 정원사로
일하기 전인데, 모 철도회사 연구기관에서 진행한 흙산을 만들어
씨를 뿌린 뒤 잡초가 경사지의 침식을 어느 정도까지 막을 수
있는지 연구하는 일에 참여한 적도 있다.

토양미생물과 토양균 보호

지표 부근의 토양미생물과 토양균은 자외선의 영향을 받기 쉽다.
잡초가 자라고 있으면 자외선으로부터 이들을 지킬 수 있다.
잡초는 지표면의 급격한 건조를 막아 주고 온도를 일정하게 유지해
토양미생물과 토양균을 보호한다.

타감작용allelopathy	타감작용은 식물에게서 다른 식물이나 미생물에 영향을 미치는 화학물질이 방출되는 현상을 일컫는다. 쑥, 토끼풀, 강아지풀 등 같은 식물종이 군락을 이루는 식물 중에는 타감작용을 일으키는 종이 많다. 최근에는 타감작용을 연구해 잡초와 병충해 방제, 연작 장애 방지에 이용하거나 동반식물을 해명하려는 움직임도 있다.
차나무밭과 봄바람	내가 사는 곳은 '녹차의 명산지' 사야마狹山 근처다. 초봄에 자동차를 타고 차밭 근처를 달리다가 강풍에 곤혹을 치른 적이 한두 번이

아니다. 모래바람 속에 휩싸여 앞 유리창이 갈색 모래먼지로 뒤덮이곤 한다. 모래바람의 정체는 바로 차밭의 흙이었다. 제초제를 뿌려서인지 잡초가 전혀 자라지 않아 흙이 바람에 침식되고 있었다. 잡초가 자라고 있었다면 흙이 날리지 않았을 텐데 안타깝다. 흙이 1센티미터 퇴적하려면 10년이 넘는 시간이 걸린다고 한다. 그렇다. 잡초는 흙이 바람에 날리거나 비에 쓸려가지 않게끔 단단히 잡아 주는 역할도 한다. 잡초의 뿌리는 흙을 일구어 비옥하게 만들어 준다.

기온 조절

한여름에 기온이 아무리 높아도 무성한 나뭇잎은 마르지 않는데, 가지에서 잘라 낸 잎은 금방 갈색으로 변하며 시들어 간다. 기온이 높아지면 나무는 잎에 있는 구멍(기공)으로 물을 증발시키는(증산) 기화열로 엽온*인간의 체온처럼 식물이 지닌 온도*을 낮춘다. 식물 자신의 엽온을 낮추는 일은 주위 기온을 낮추는 일이 되기도 한다. 물론 잡초도 식물이기 때문에 증산작용으로 온도를 낮춘다. 아스팔트 근처와 비교해 볼 때 잡초가 자라는 흙 위가 훨씬 덜 덥다는 경험은 누구나 해 보았을 것이다.

또한 프랙탈이론fractal theory, 복잡하고 불규칙해 보이는 형태에는 전체의 일부가 전체와 비슷한 기하학적 형태를 보여 주는 자기유사성이 있어서 부분을 점차 확대하면 전체의 형태를 포착할 수 있다는 이론이다. 나무는 큰 가지가 여러 작은 가지로 갈라지는데 갈라진 가지의 형태도 전체 나무의 형태와 비슷한 모습을 띠는 프랙탈 차원을 지니고 있으며 이런 형태가 물과 영양분의 운반, 광합성 등에 효율적인 영향을 준다이라고

해서 가지와 잎 등이 지닌 자기유사성은 온도를 낮추는 효과가
있어 건축 등에도 응용된다. 잡초 또한 아주 작은 존재지만 같은
효과를 낸다. 아무리 추워도 재래종 상록식물은 잎이 얼지 않는다.
즉, 식물 자체는 0도 이하로 떨어지지 않는다. 식물이 있으면 주위
온도는 급격히 떨어지지 않는다. 사막에서 일교차가 몇십 배나
나는 이유는 식물이 없어서 온도 조절이 불가능하기 때문이다.
잡초가 싫다고 집 주변에 자갈을 깔거나 포장하는 것을 볼 때마다
초록색 풀이 자라나면 열 반사를 누그러뜨려 주어서 시원한
여름을 보낼 수 있을 텐데 싶어 참 안타깝다.

영양분이 되는 잡초

잡초는 마르면 잎, 줄기, 뿌리가 영양분(자연 퇴비)이 되어 흙속의
미생물을 활성화한다. 흔히들 "잡초가 흙의 영양분을 빼앗아
간다"고 말하는데 이는 인간이 어중간한 상태에서 잡초를
뽑아 버리기 때문이다. 잡초는 제가 난 자리에서 말라 죽으면
광합성으로 영양분을 비축한 유기물 잎과 뿌리를 흙으로
돌려보내 흙을 비옥하게 해 준다. 자운영, 토끼풀, 붉은토끼풀(둘 다
클로버라고도 부른다) 등 질소를 고정하는 콩과식물의 씨앗을 일부러
뿌려 키운 뒤 흙에 섞어 비료(녹비)로 쓰는 농법도 있다.

흙의 정화

흙이 산성화되면 산성을 좋아하는 잡초가 자라고 알칼리화되면

알칼리성을 좋아하는 잡초가 자란다. 시간이 지날수록 다양한 토양미생물이 늘어나면서 흙을 중성으로 만들어 준다. 또한 뿌리가 굵고 곧게 자라는 심근성 잡초는 흙이 딱딱한 곳에서는 자신의 뿌리로 흙을 부드럽게 만들어 준다. 인도 요리 전문점을 운영하는 지인은 손님에게 제공하는 채소를 전부 스스로 자연농법으로 재배한다. 그는 "여름에 잡초가 잘 자라는데 잡초가 독소를 흡수해 주어서 나중에는 흙이 좋아진다"고 말하곤 했다.

작은 동물들의 보금자리

잡초를 깎다 보면 많은 생물들이 놀라 도망가거나 모기, 애벌레 등이 도망가지도 못한 채 새의 먹이가 되는 광경을 목격하곤 한다. 벌레에게 잔뜩 먹힌 잡초들도 수없이 보인다. 잡초는 이렇게 작은 동물들의 보금자리, 은식처, 일용할 양식이 되어 생물다양성을 유지해 준다.

산소를 만들고 이산화탄소를 고정

아무리 작은 잡초 잎이어도 광합성을 하면서 이산화탄소를 흡수하고 산소를 배출한다. 그중에서도 특히 이산화탄소를 흡수하는 효율성이 뛰어난 식물을 'C4'식물이라고 하는데 참억새, 돌피, 바랭이, 강아지풀, 금방동사니, 쇠비름 등이 대표적이다.

자료 출처_다나카 오사무田中修, 《잡초 이야기》

흙과 잡초의
관계

오가닉 가든에서는 흙이 무척 중요하다. 흙을 살아 있는 생물이라고 여긴다면 화학비료를 마구 줄 수도 없을 뿐더러 농약을 함부로 뿌려 대지도 못할 것이다. 하지만 많은 정원사와 농부는 흙을 살아 있는 것이 아니라 그저 식물을 키울 때 필요한 재료로만 바라본다. 그러니 "영양분은 밖에서 넣어 주어야 하고, 벌레가 있으면 약을 뿌려서 없애야 한다"라고만 생각한다. 흙이 품고 있는 생명력을 무시하는 처사다.

지구상에 검은 흙 10센티미터가 만들어지려면 100~200년이 걸린다. 바위가 비바람에 침식되어 자잘하게 쪼개져 가루가 되고, 토양미생물이 마른 잎, 동물의 배설물, 사체 등의 유기물을 무기물로 분해해 놓고, 이런 모든 요소들이 합쳐져 식물이 자랄 수 있는 흙이 된다. 자연과 생물의 다양한 활동으로 만들어진 흙은 지상의 생태계를 떠받쳐 주는 필수불가결한 존재다.

흙이 있을 때 그곳에 가장 먼저 생겨나는 것이 바로 잡초다. 잡초는 성가신 존재로 여겨지며 지금껏 천대받아 왔지만 잘 관찰해 보면 흙은 자신에게 필요한 식물에게 자리를 내어 준다. 산성화된 흙이라면 우선 쇠뜨기 등 산성을 선호하는 풀이 자라나 토양미생물을 활성화해 산성 토양을 개선한다. 또한 딱딱한 흙에는 우엉처럼 뿌리를 곧게 뻗는 형태의 잡초가 생겨나 흙을 깊이 갈아 준다. 곧게 뻗은 뿌리는 공기 통로를 만들어 주고 모세근毛細根, _{수분과 영양분을 빨아들이는 끝 부분의 가는 뿌리}은 산酸을 내놓아 돌과 자갈 등을 조금씩 녹여 균류와 함께 토양을 개량해 준다.

우리집 정원은 강 바로 옆이라 1년 내내 습하고 배수가 잘 안 되는 곳인데 이런 환경 속에서도 잡초는 자란다. 정원 안에는 배수가 잘 안 되고 흙 상태도 나쁘고 빛도 잘 들지 않는 곳이 한두 곳 생기기 마련인데 그런 곳에는 잡초가 전혀 자라지 않을까? 그런 일은 없다. 발에 밟히는 곳, 건조한 곳, 습기가 많은 곳, 빛이 잘 드는 곳, 잘 들지 않는 곳 등, 특성이 다른 각각의 땅에 적합한 풀이 잎을 무성히 피우고 뿌리를 뻗으면서 토양생물들이 활발하게 활동할 수 있는 환경을 정비하고 조금씩 흙을 개선해 나간다. 이와 함께 생겨나는 잡초도 매해 조금씩 달라진다. 잡초는 온몸으로 그 곳이 어떤 환경인지 묵묵히 가르쳐 주는 길잡이인 셈이다.

잡초가 채소를 길러 준다

독일에서는 풀과 공생하는 조방농업粗放農業(자본과 노동력을 최소화하고 주로 자연에 의존해 짓는 농업)을 확대하기 위해 작물 수확량에 영향을 주지 않을 정도로 잡초를 남겨 두는 농법을 시도하는 농가에 조성금을 준다고 한다. 일본 미야기 현에서 자연농을 하는 '마루모리 가타쿠리 농원'의 기타무라 미도리 씨도 잡초와 공생하는 농법에 도전했다. 자연농이란 땅을 경작하지 않고, 유기비료도 사용하지 않고, 잡초도 그대로 두는 등 자연에 가까운 상태의 농법을 말한다. 2010년 봄, 저온이 지속될 때 미도리 씨는 〈채소의 마음〉이라는 소식지에 이렇게 적었다. "요즘 저온 현상으로 채소의 생육이 나쁘다. 하지만 그 와중에도 잡초가 자란 쪽 채소는 건강하다." 그는 2009년 8월호에서는 "시금치, 양상추, 우엉의 뿌리가 쭉 뻗어 갈 수 있는 흙으로 만들기 위해 쌀겨, 깻묵, 녹비 등 여러 방법을 시도해 보았는데 그리 효과를 보지는 못했다"고 말했다. 그래서 지금까지 방해가 된다고 여겨졌던 심근성 잡초인 민들레, 도꼬마리, 명아주, 방가지똥, 개엉겅퀴, 참소리쟁이 등을 의도적으로 뽑지 않고 놔두는 일을 시도했다고 한다. 결과가 나오려면 아직 몇 년 더 걸리겠지만 설레는 마음으로 기다리고 있다.

토양균과 잡초

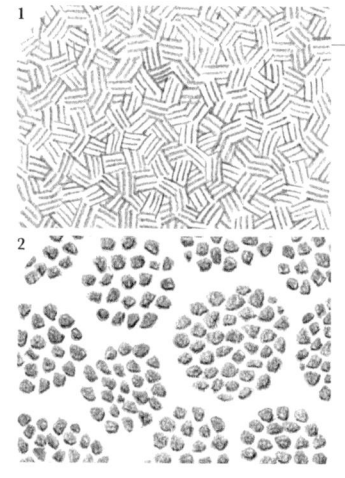

식물에게 중요한 토양균 중에 균근균이라는 균류가 있다. 흙과 식물을 이어 주는 역할을 하는 균으로 인간으로 치자면 장내 세균과 같은 존재다. 균근균은 식물 뿌리에 공생하면서 흙속의 영양분을 식물에 공급해 준다. 대신에 균근균은 식물이 광합성으로 비축한 탄수화합물을 얻어 성장한다. 소나무에 생겨나는 송이버섯처럼 특정 식물에 공생하는 균근균도 많지만 다양한 종류의 식물과 공생하는 균근균도 있다. 잡초 뿌리와 공생관계를 맺는 균근균도 있다. 콩과식물은 질소를 고정하기 위해 토양균과 협력한다. 특히 근립균과의 공생이 잘 알려져 있다.

1 단립구조單粒構造 : 토양 입자들이 개개로 빽빽하게 흩어져 있어서 흙이 딱딱하고 통기성·배수성·보수성이 나쁘다. **2** 단립구조團粒構造 : 흙 입자들이 덩어리를 이루고 있어 덩어리와 덩어리 사이에 공기와 물을 충분히 가두어 둘 수 있다. 작은 공극(토양 입자 사이의 틈)은 물과 양분을 보유하며, 큰 공극은 공기와 물이 잘 흐르게 한다.

좋은 흙과 나쁜 흙

좋은 흙과 나쁜 흙의 구분 방법이 종종 거론된다. 도대체 어떤 흙이 좋은 흙일까? "식물에 따라 다르다"가 정답이다. 건조한 곳을 좋아하는 식물, 습한 곳을 선호하는 식물, 알칼리성을 선호하는 풀, 산성을 선호하는 풀 등 식물의 취향은 정말 다양하다.

그렇지만 기본적으로는 단립구조團粒構造, 개개의 흙 알갱이가 모여 덩어리로 토양을 구성한 상태로 토양이 부드럽고 물과 공기가 잘 통해 미생물이 많이 번식하는 등 식물 성장에 적합하다로 물이 잘 빠지면서도 습기를 유지할 수 있으면 좋은 흙이다. 단립구조인지 아닌지를 알기 위해서는 페트병에 물을 가득 채운 뒤 흙을 넣어 물이 맑아지기까지 어느 정도의 시간이 걸리는지를 보면 된다(자료 출처_니시무라 가즈오西村和雄, 《느리고 즐거운 유기농업 비결의 과학》). 탁했던 물이 금방 맑아지면 단립구조가 발달한 흙이다. 탁한 게 좀처럼 가시지 않으면 단립구조가 이루어지지 않은 흙이다.

좀 더 간단한 판단 기준은 정원에 지렁이가 있는가 없는가를 보는 것이다. 지렁이가 많이 있으면 토양균과 협력해 단립구조가 발달한 좋은 흙을 만들어 준다. 농약과 화합비료로 지렁이를 내쫓지 않는다면 점점 좋은 흙으로 바뀌어 갈 것이다. 지렁이가 코빼기도 보이지 않는다면 화학비료와 농약으로 흙의 오염이 심각하다는 뜻이거나 반대로 확실하게 균형을 갖춘 단립구조를 이루어서 지렁이가 할 일이 없다는 뜻이다. 흙의 상태에 자신이 없다면 화학비료와 농약을 사용하지 말고 3년 정도 계속 관찰해 본다. 지렁이는 화학비료에 쓰이는 질산염 등을 싫어하므로 화학비료를 쓰면 쓸수록 자취를 감추고 만다.

정원 관련 많은 책에서 pH를 자주 언급하는데, 정원에서 일일이

pH를 측정할 수도 없을뿐더러 식물도 산성을 좋아하는 식물, 알칼리성에 적합한 식물 등 가지각색이다. 붉은 흙은 나쁘고 검은 흙은 좋다는 편견을 지닌 사람도 있는데 꼭 그렇다고 단정할 수는 없다. 점토질이 아니라면 오히려 붉은 흙이 좋은 경우도 있다.

여기서 잠깐 유기와 무기의 차이를 짚고 넘어가자. 농업에서도 원예에서도 유기재배란 식물에 유기비료를 주어 기르는 방법인데, 유기비료를 식물이 그대로 흡수 이용한다고 생각하는 사람이 많다. 하지만 식물은 무기물이 아니면 이용할 수 없다. 그렇다면 왜 유기비료를 주는 것일까? 유기비료란 도대체 무엇일까? 이런 의문이 들 것이다. 간단히 말하면 유기비료는 직접적으로 식물의 영양분이 되지는 않는다. 유기비료를 주면 미생물이 활발하게 움직여서 유기물을 더 이상 분해할 수 없을 때까지 분해해 준다. 미생물의 활동으로 유기물은 무기물이 되어 식물이 이용할 수 있는 상태가 된다. 참고로 무기물은 질소, 인산, 칼륨 등의 주요 영양소와 망간, 아연 등의 미량원소 등을 말한다.

검은 흙은 유기물을 많이 함유하고 있어서 검은 색을 띤다. 이는 분해되지 않은 유기물이 많다는 뜻이기도 하다. 거꾸로 붉은 흙에서 유기물의 분해가 활발히 이루어지는 경우도 있다. 물론 화학적인 재료를 쓰지 않고 양질의 유기질 퇴비로 정성껏 시간을 들여 만들어진 푹신푹신한 검은 흙은 좋은 흙임에 틀림없다. 하지만 흙의 색깔만으로 단순히 판단할 수 없는 경우가 많으며 붉은 흙이라고 무조건 나쁘다고 단정 지을 수도 없다.

흙의 색깔과 부드러움 등뿐만 아니라 토지의 배수와 지하수 높이 등도 식물의 생육에 관여한다. 종종 "정원 흙이 딱딱한데 전부 바꾸는 게 좋을까요?"라는 질문을 받는다. 흙이 딱딱한 것은 식물에게는 엄혹한 환경일 수도 있겠지만 그런 장소에서

자라나는 식물도 있다. 만약 그런 딱딱한 흙에서도 나무와 풀이 건강하게 자란다면 걱정하지 않아도 된다. 어떤 잡초가 자라는지 세심히 관찰해 보기 바란다. 문제는 새롭게 수목을 심고 싶다거나 화단을 만들어 화초를 즐기고 싶을 때다. 그럴 때는 경제적으로도 물리적으로도 부담이 덜 드는 방법을 택해 수목을 심을 부분만, 또는 화단을 만드는 곳만 흙을 바꿔 주는 게 좋다. 수목이라면 심을 나무의 뿌리보다 한두 배 정도 넓은 면적에 뿌리보다 10센티미터 정도 깊은 곳까지 흙을 바꿔 준다. 화단이라면 30센티미터 정도 깊이면 된다. 흙이 너무 단단해서 나무도 뿌리를 뻗지 못하는 것 같고 힘이 없어 보인다면 대나무를 흙속에 꽂아 산소와 물을 확보하는 방법을 쓴다.

이 방법은 수목의이자 NPO법인 수목생태연구회 대표인 호리 다이사이에게서 배웠다. 지금도 종종 쓰는데 꽤 효과적이다.

1 흙이 딱딱할 때에는 대나무를 묻어서 산소를 확보하고 흙이 물을 보유할 수 있게 해 주면 좋다.

**무기물을
이용하는 식물**

식물에게는 3대 영양소인 질소·인산·칼륨과 아연, 망간 등의 미네랄 성분이 필요한데 이들은 모두 무기물이다. '유기농업'이라는 말이 있어서 식물은 유기물로 자란다고 생각하는 사람이 많은데 사실 무기물로 분해되어 있지 않으면 식물은 아무것도 흡수할 수 없다. 무기물이란 다양한 생물이 유기물을 먹고 분해해서 더 이상 분해할 수 없는 상태가 된 것을 말한다.

즉, 유기비료란 토양미생물의 먹이이지 식물이 직접 섭취할 수 있는 영양분은 아니다. 그렇게 미생물이 다 먹어치우고 분해를 마친 것을 식물이 이용해 다시 유기물로 만들어 성장해 간다. 이것이 바로 순환이다. 그리고 텅 빈 땅에 맨 먼저 들어와 생태계 순환 흐름을 만들어 주는 것이 바로 잡초다.

화학비료와
유기비료

우리집에서는 집에서 나온 음식물 쓰레기만 활용해 직접 만든 퇴비만 쓴다. 음식물 쓰레기 퇴비도 음식점 등에서 나온 것과 지자체 등에서 회수한 것은 잔류농약이나 첨가물 등이 섞여 있을 수 있기 때문이다. 가능한 식재료에 신경을 써서 집에서 직접 만드는 것이 가장 좋지만 음식물 쓰레기 퇴비를 만들 수 없는 사람들은 비료를 구입할 때 어떤 점에 주의하면 좋을지 정리해 보았다.

화학비료

화학비료는 농약과 달리 영양제이니까 좋은 것이라 여기는 분들도 있다. 우리는 비옥한 토지가 좋다고 생각하지만 이는 인간의 측면에서 본 인간중심적인 사고다. 다양성 측면에서 본다면 메마른 땅을 좋아하는 식물도 있다. 자연계에는 메마른 땅도 필요한 법이다. 화학비료를 사용하면서 토지가 영양 가득한 땅으로 바뀌게 되면 그에 따라 쇠락해 갈 수밖에 없는 식물도 생긴다. 화학비료는 식물에 직접적으로 영양분을 전달하지만 비료에 포함된 황산 등의 화합물은 토양미생물에게 나쁜 영향을 준다. 그래서 화학비료를 쓴 곳에서는 지렁이를 찾아볼 수 없다. 게다가 화학비료에 들어가는 인은 광산에 있는 인광석을 파내어 만든다. 파낼 때 인뿐만 아니라 미량이지만 반드시 카드뮴이 붙어 온다. 지구는 유구한 시간 동안 생태계에 필요 없는 것, 유해한 것들을 지각地殼에 묻어 놓았는데, 인간이 이런 유해물질을 지상으로 다시 파헤쳐 올리고 있다. 순환하는 지속가능한 사회를 위해서는 석유,

석탄, 화학비료 원료 등 "땅 속에 있는 것을 파내지 않고 살아가는" 사회 시스템으로 바꾸어 나가는 것이 중요하다. 지금은 생태계를 이해하고 이를 바탕으로 삶의 방식에 관한 새로운 가치관을 만들어 가야 할 때다.

화학비료와 농약을 쓰면 생물이 만들어 온 흙의 역사가 단절되고 만다. 화학비료는 3대 영양소(질소, 인산, 칼륨)를 식물에 직접 주입하기 때문에 생장이 빠르고 덩치도 금세 커지지만 결과적으로는 허약한 몸을 만들고 만다. 과잉으로 단백질 합성이 진행되고 아미노산을 많이 만들어 당분 과다가 되기 때문에 수분과 당분이 많아져 진딧물, 깍지진디 등을 비롯한 즙을 빨아먹는 유형의 벌레가 몰려들기도 한다.

산과 들에서는 이런 벌레들이 대량으로 발생하는 일이 거의 없는데 화학비료를 주거나 농약을 뿌리는 가로수, 주택가 공동 녹지, 개인 정원 등 인간의 손길이 과도하게 미친 곳에 많이 생긴다. 이 밖에도 대부분의 화학비료는 질산염과 인산염을 포함하고 있어서 흙이 산화하기 쉽고 극도의 산성을 싫어하는 지렁이가 살 수 없어서 흙이 단립구조가 되기 어렵다. 게다가 질산염의 일부는 대기오염물질의 하나인 질소산화물로 방출될 수도 있어서 산성비를 뿌리거나 지구온난화에 일조할 수도 있다. 또한 흙에 산성비가 스며들었을 때 질산액이 섞이면 수질오염이 발생해 잉여 양분이 강과 바다 등으로 퍼져 나가 환경 생태계의 균형을 무너뜨린다. 유독성이 의심되는 물질이 우리가 먹는 식용작물에 그대로 남아 있게 되면 환경뿐만 아니라 인체에도 직접적으로 악영향을 끼칠 수 있다.

토양개량제

화학비료와 함께 많이 쓰이는 토양개량제는 인간에게 비유하면 비타민제와 같다. 흙 만들기가 되어 있으면 기본적으로는 필요가 없다. 특히 원예자재로 파는 것 중에 미네랄 등을 첨가한 토양개량제는 어떤 원료로 만들었는지 알 수 없는 것도 많고 미량성분이 지나칠 정도로 많이 들어 있는 것도 있어서 흙의 균형을 무너뜨리는 등 토양미생물이나 식물에게 오히려 악영향을 끼친다. 본래 토양개량제 자체가 그 땅에서 자랄 수 없는 것을 억지로 자라게 하려다 보니 필요하게 된 것으로 '유기농'의 관점과는 동떨어져 있다. 토양개량제 중 하나인 질석vermiculite은 산지에 따라서는 석면이 포함된 것도 있다. 지금은 원산국 표시가 의무화되어 있지 않은데, 위험을 막기 위해서라도 원산국 표시를 의무화해야 한다.

유기비료

유기비료는 모두 안심하고 쓸 수 있을까? 단언하기는 어렵다. 소에게 주는 사료에 항생물질이 섞여 있거나 호르몬제를 투여하는 일이 많기 때문에 당연히 소의 분뇨에도 그런 물질들이 잔류할 수밖에 없다. 닭이나 돼지의 분뇨도 마찬가지다. 깻묵도 최근에는 기름을 압착시켜 짜는 대신 유기용매제인 핵산을 이용해 추출하는 일이 많아 기름을 짜내고 남은 찌꺼기에 핵산이 남아 있을 가능성이 있다.

부엽토는 수입품이 많은데 식물 방역 등의 이유로 해외에서 들어오는 병충해를 막기 위한 조치 때문에 수출국에서 미리 살충제와 살균제 등의 농약 처리를 했을 가능성을 배제할 수 없다. "살충제와 살균제를 전혀 사용하지 않았다"고 강조해 표기한 부엽토를 판매한다는 사실에서 농약을 사용한 부엽토도 있다는 걸 미루어 짐작할 수 있다. 부엽토와 원예용 배양토에는 원산지 표시 의무가 없으므로 실태는 불투명하다. 이런 부분은 아무리 주의해도 어쩔 수 없는데 그래도 아주 싼 것은 피하는 것이 좋겠다. 그렇다고 일본산이 안전한가 하면 그렇지도 않다. 부엽토는 완숙하는 데 시간이 걸리기 때문에 상품으로 유통시키기에는 효율이 떨어진다. 그래서 속성으로 만들기 위해 황산암모늄 등을 섞어 잎을 갈색으로 변색시켜 부엽토처럼 보이게 만들기도 한다. 아주 저렴하거나 봉투를 뜯었을 때 코를 찌르는 듯한 이상한 냄새가 난다면 주의가 필요하다. 신뢰할 만한 부엽토를 얻을 수 없다면 직접 만드는 게 가장 좋다. 가로수 등의 낙엽에도 불만을 제기하는 시대지만 사실 낙엽은 보물단지일지도 모른다(자료 출처_반농약도쿄 그룹 '무당벌레 정보').

비료와 퇴비의 차이

아무 생각 없이 비료와 퇴비라는 말을 섞어 쓰곤 하는데 이 둘의 차이점은 무엇일까? 퇴비는 수분을 조정해 유기물을 숙성시킨 것이다. 말하자면 식물이 영양분을 취할 수 있게 토양미생물이 분해해 무기물로 만들 수 있는 것이다. 토양미생물의 먹이가 된다는 의미다. 구체적으로는 음식물 쓰레기나 낙엽 같은 유기물을 숙성시켜서 만든 것을 가리킨다. 비료에는 퇴비도 포함되며 그 이외의 것(화학비료, 쌀겨, 생선가루, 골분, 깻묵, 쇠두엄 등)도 포함된다. 식물의 영양이 되는 것 전반을 가리킨다.

제초제의 문제점

잡초를 한 번에 싹 정리하겠다면서 제초제를 뿌리는 사람도 있을 것이다. 혹은 자기는 뿌리고 싶지 않지만 이웃에서 밭이나 집 주변에 '친절하게' 제초제를 뿌려 주었다는 이야기도 종종 듣는다. 막 정원사 일을 시작했을 무렵 오랫동안 집을 비우는 고객으로부터 잡초 대책을 의뢰받은 적이 있다. 그 때에는 오가닉 가든 관리법을 몰랐기 때문에 우리도 선택성 제초제_{벼과는 죽이지 않지만 그 이외의 것을 죽이는 제초제로 논밭이나 잔디밭 등에서 쓰인다}를 사용한 적이 있다. 20제곱미터 정도의 정원에는 이웃집과 경계를 이루는 곳에 화백나무라는 침엽수가 몇 그루 심어져 있었다. 제초제를 뿌린 뒤 잡초의 기세는 확실히 수그러들었지만 완전히 없어지지는 않았다. 그런데 멀찍이 떨어져 있던 화백나무가 점점 시들시들해졌다. 물론 우리는 나무도 생각해서 화백나무 가까이는 제초제를 사용하지 않으려 주의했지만 침엽수의 뿌리는 얕아서 비와 함께 땅에 스며든 제초제의 영향을 직접 받았던 것 같다.

이처럼 잡초뿐만 아니라 가까이 있는 식물, 지표 부근의 곤충과 미생물, 땅속의 지렁이와 박테리아 등 제초제가 생태계에 미치는 영향은 이루 다 헤아릴 수 없다. 제초제뿐만 아니라 살충제 등의 농약도 분무했을 때 사방으로 날려 흩어지고 비가 내리면 땅에 스며들어서 토양생물과 토양미생물에게 피해를 입힌다.

최근에는 제초제 저항성을 지닌, 지금까지 사용했던 제초제로는 죽지 않는 잡초가 나타났는데 이를 슈퍼 위드super weed라 부른다. 일본에서도 봄망초, 개망초, 망초 등은 라운드업_{1970년대에 몬산토사가 개발한 제초제로 글리포세이트glyphosate라는 화학물질이 주성분이다}에 대한 내성을 획득했다고 알려져 있다.

제초제를 뿌리면 이끼가 생기기 쉽다는 보고도 있다. 제초제로 흙이 열화하면 혹독한 조건에서도 살 수 있는 식물이 생겨나기 쉬우니 이끼투성이가 되는 일이 있을 수도 있다. '안전한 제초제'라고 내세우는 상품도 나돌고 있다. 천연 재료로 만들어졌으니까 안전하다고 말하는 것 같다. 하지만 제초제의 주성분에 화학물질을 사용하지 않는다 하더라도 이를 안정된 품질로 가정까지 배달하고 일정 정도의 기간 동안 보관할 수 있게 하려면 화학 첨가물이 들어갈 수밖에 없으며 이 물질이 환경오염을 일으키기도 한다. 본래 오가닉이란 '생명의 유기적 연결'을 의미하는 단어다. 비록 천연 소재라 하더라도 잡초를 죽게 만든다면, 즉 유기적 연결을 끊어 놓는다면 오가닉이라 할 수 없다.

제초제를 뿌리는 이웃에 대처하는 법

이웃 사람이 '친절하게' 우리집 텃밭에까지 제초제를 뿌린다면 먼저 잡초를 다듬어 정원을 잘 정리해 놓은 뒤에 제초제를 뿌리고 싶지 않은 이유를 이웃에게 잘 전달하자. 단도직입적으로 뿌리지 않았으면 좋겠다고 말하는 게 어렵다면 "뿌릴 때에는 미리 알려 주세요. 화분이랑 세탁물을 정리해 둘게요"라고 에둘러 말해 두면 어떨까. 그러면서 이웃과 차츰 농약의 위험성이나 땅속 미생물 이야기를 나누면서 오가닉 가든에 대한 이해를 넓혀 갈 수 있기를 소망해 본다.

생명이 순환하는
정원

막 정원사 일을 시작했을 무렵에는 솔직히 잡초는 참 성가신 존재였다. 그래서 잡초만 보이면 물불 가리지 않고 쑥쑥 뽑아 버렸다. 일을 의뢰한 손님도 정원이 깨끗해졌다고 좋아했다. 그렇지만 언젠가부터 곤충에게 흥미가 생기고 잡초가 많은 곤충에게 꿀과 잎을 내어 주고, 안락한 보금자리와 쉼터가 되어 준다는 사실을 알게 되면서 잡초가 생물 다양성을 떠받쳐 주고 있다는 사실을 깨달았다. 그때부터 잡초와 친해지게 되었다. 균과 미생물, 잡초야말로 황폐한 대지를 치유하고 흙을 비옥하게 만들어 주는 일등공신이다. 오가닉이라는 말은 잡초의 존재 없이는 생각할 수 없다. 오가닉 가든은 정원의 원예종뿐만 아니라 잡초에게도 자리를 내주어 땅의 힘을 느낄 수 있는 '생명의 정원'을 목표로 삼는다. 그런 정원이 늘어난다면 유행이나 소비에 휩쓸리지 않는, 진정으로 땅과 유기적으로 연결된 삶의 문화가 자라나지 않을까.

맺음말

《벌레가 살고 있는 유기농 정원 만들기》동학사, 2011를 읽은 독자들로부터 "잡초 관련 책도 있으면 좋겠다"라는 조언을 듣고 이 책을 쓰게 되었다. 오가닉 가든을 만드는 동안 정원의 이런저런 잡초들과 만났지만 이름도 긴가민가하고 언제 꽃이 피는지도 모르는 등 잡초 각각의 특성을 하나도 모르고 있다는 사실을 깨달았다.

자세히 들여다보면 잡초의 세계가 얼마나 재미있고 경이로운지 모른다! 잎의 형태도 제각각이며 단 하나도 똑같은 게 없다. 심지어 같은 종이라 해도 그렇다. 종에 따라 톱니 모양 결각이 얕은 것도 있고 깊은 것도 있는 등 정말로 개성적이다. 잡초는 제멋대로 살아간다. 개성이 뚜렷하지만 한편으로는 어떤 곳에서도 적응해 살아갈 수 있는 유연함 또한 겸비했다.

그렇기 때문에 잡초를 뽑거나 깎는 일이 오히려 잡초의 씨를 퍼뜨리는 일이 되기도 한다. 잡초를 뽑거나 깎아야 하는 대상으로만 바라보는 경향이 강한데, 적이 아니라 함께 살아가는 동반자로 인정해 주었으면 좋겠다. 이런 관점의 변화가 지속가능한 삶을 향한 첫 걸음이 될 수도 있지 않을까 싶다.

한참 책을 쓰고 있을 때 동일본대지진이 일어나 후쿠시마 제1원전 사고로 방사능 물질이 땅과 공기와 바다에까지 퍼져 나갔다. 그동안 오가닉 가든에 힘써 온 사람으로서 정말 암담하고 충격적이었다. 자연은 스스로를 정화하는 힘이 있다. 미나마타만1956년 일본 구마모토 현 미나마타만 인근의 비료공장이 바다로 배출한 폐수 때문에 주민들이 수은에 중독되어 병에 걸렸다. 이를 미나마타병이라 부른다이 수은으로 오염되었을 때 유기수은을 분해하는 세균이 나타났다. 이를 바탕으로 〈바람 계곡의 나우시카〉의 부해腐海, 작품에 등장하는 독자적인 생태계를 가진 숲 이야기가 쓰였다고 한다. 앞으로는 생명의 연결을 회복하기 위해 '오가닉'이라는 관점이 점점 필요할 것이다. 작가인 와타나베 아키히코 씨, 자연농 실천가인 기타무라 미도리 씨, 지인인 사토 고이치 씨, 나무 의사인 이와타니 미나에 씨, 숲해설가 이케타케 노리오 씨, 일본 오가닉가든협회 회원인 도야마 쓰토무 씨, 이케조에 도요코 씨, 요시카와 구미코 씨, 웹사이트 'Partial 박물기'의 관리자 말리 타나베 씨가 소중한 사진을 제공해 주었다.

또한 사진가이자 분토연구회 대표인 이자와 마사나 씨는 이끼식물과 지의류에 관해서, 미에대학 다카마쓰 준 교수는 잡초의 흰가루병에 관해 가르쳐 주었다. 오랫동안 논밭 잡초 연구에 힘써 온 전 돗토리대학 후지시마 히로쓰미 씨는 원고를 읽고 귀한 조언을 아끼지 않았다. 유치원 때부터 친구인 다나카 아케미 씨가 책을 멋지게 디자인해 주었다. 마지막으로 편집자 하시모토 히토미 씨의 격려에 진심으로 감사드린다.

많은 분들의 지지와 도움 덕분에 책이 나올 수 있었다. 마음 깊이 고마움을 전한다. 물론, 잡초에게도!

2011년 3월 길일
히키치 도시, 히키치 요시하루

참고문헌

*국내 출간 도서는 국내 제목으로 정리했습니다.

'잡초'에 관한 책

● 야나기 무네타미柳宗民 지음, 《야나기 무네타미의 잡초 노트柳宗民の雑草ノオト》, 마이니치신문출판毎日新聞出版, 2007.

● 구사노 소진草野双人 지음, 《잡초도 이름이 있다雑草にも名前がある》, 분슌신쇼文春新書, 2004.

● 다나카 오사무田中修 지음, 《잡초 이야기 분류법, 즐기는 법雑草のはなし 見つけ方、たのしみ方》, 주고신쇼中公新書, 2007.

● 가와시마 요코かわしま ようこ 지음, 《풀 수첩草手帖》, 포플라사ポプラ社, 2008.

● 이나가키 히데히로 지음, 최성현 옮김, 《풀들의 전략》, 도솔, 2006.

● 하세가와 데쓰오長谷川哲雄 지음, 《들꽃 산책 도감野の花さんぽ圖鑑》, 쓰키치쇼칸築地書館, 2009.

● 조지프 코캐너 지음, 구자옥 옮김, 《잡초의 재발견》, 우물이있는집, 2013.

● 네모토 마사유키根本正之編著 엮고 지음, 《잡초생태학雑草生態学》, 아사쿠라쇼텐朝倉書店, 2006.

● 이와세 도루岩瀬徹 지음, 《잡초의 삶에서 자연을 본다-생물교사의 필드 노트雑草のくらしから自然を見る-生物教師のフィールド・ノート》, 분이치소고출판문一総合出版, 2000.

● 이와세 도루 지음, 《식물의 생활상 이야기-잡초의 삶·야외관찰입문 植物の生活型の話-雑草のくらし·野外観察入門》, 전국농촌교육협회全国農村教育協会, 2006.

● 아사노 사다오浅野貞夫·히로타 신시치広田伸七 지음, 《그림과 사진으로 보는 닮은 풀 80종 구분법-이것만 알면 전문가図と写真で見る似た草80種の見分け方-これだけ知ればあなたはプロ》, 전국농촌교육협회全国農村教育協会, 2002.

● 히로타 신시치広田伸七 지음, 《미니 잡초도감-잡초 분류법 ミニ雑草図鑑-雑草の見分けかた》, 전국농촌교육협회全国農村教育協会, 1996.

● 이와세 도루·가와나 다카시川名興 지음, 《즐거운 자연관찰 잡초박사 입문たのしい自然観察 雑草博士入門》, 전국농촌교육협회全国農村教育協会, 2001.

● 오가와 기요시小川潔·구라모토 노보루倉本宣 지음, 《민들레와 개쑥부쟁이-인공화와 식물의 살아남기 전タンポポとカワラノギク-人工化と植物の生きのび戦略》, 이와나미쇼텐岩波書店, 2001.

● 아키야마 구미코秋山久美子 지음, 《도시 화초 도감都会の草花図鑑》,

● 카이 노부에甲斐信枝 지음, 《잡초의 삶 빈터에서 5년 동안雑草のくらし あき地の五年間》, 후쿠인칸쇼텐福音館書店, 1985.

● 카이 노부에甲斐信枝 지음, 《잡초(과학친구 그림책)ざっそう(かがくのとも絵本)》, 후쿠인칸쇼텐福音館書店, 1976.

● 모리 아키히코森昭彦 지음, 《내 주변의 신기한 잡초身近な雑草のふしぎ》, 소프트뱅크크리에이티브ソフトバンククリエイティブ, 2009.

● 모리 아키히코森昭彦 지음, 《내 주변의 신기한 들꽃身近な野の花のふしぎ》, 소프트뱅크크리에이티브, 2010.

● 이와쓰키 히데아키岩槻秀明 지음, 《길에서 흔히 보는 잡초와 채소 공부책街でよく見かける雑草や野草がよーくわかる本》, 슈와시스템秀和システム, 2014.

● 시골과 생물 네트워크里と生きものネットワーク 엮음, 《밭에서 놀자!-일본의 시골 놀이 입문田んぼで遊ぼう!-にっぽんの里遊び入門》, 지큐마루地球丸, 2010.

'이끼·지의류'에 관한 책

● 가시와다니 히로유키 지음, 문광희 옮김, 《지의류는 무엇일까》, 지오북, 2012.

● 나카무라 도시히코中村俊彦·하라다 히로시原田浩·후루키 다쓰로古木達郎 지음, 《교정의 이끼-야외관찰 핸드북校庭のコケ-野外観察ハンドブック》, 전국농촌교육협회全国農村教育協会, 2002.

'씨앗'에 관한 책

● 오쿠야마 히사시おくやま ひさ 지음, 《풀의 힘 씨앗의 신비-씨앗을 길러보자草のちからたねのふしぎ-草のたねを育ててみよう》, 가이세이샤偕成社, 2005.

● 다다 다에코多田多惠 지음, 《주변 식물에서 발견! 씨앗의 지혜身近な植物に発見! 種子(タネ)たちの知恵》, NHK출판, 2008.

'흙'에 관한 책

● 아쿠아룸アクアルーム 엮음, 《흙 만지기가 즐거워지는 책-생물을 기르는 흙 실용 지식土いじりが楽しくなる本-生物を育む土の実用知識》, 기술평론사技術評論社, 2004.

● 조지프 코캐너 지음, 구자옥 옮김, 《잡초의 재발견》, 우물이있는집, 2013.

● 니시무라 가즈오西村和雄 지음, 《느리고 즐거운 유기농업 비결의 과학スローでたのしい有機農業コツの科学》, 나나쓰모리쇼칸七つ森書館, 2014.

● 아카미네 가쓰토赤峰勝人 지음,
《당근에서 우주로ニンジンから宇宙へ》,
나즈나월드なずなワールド, 1993.
● 미이 가즈코三井和 지음,
《유기농밭의 생태계-텃밭을
시작합니다有機畑の生態系-
家庭菜園をはじめ》, 가이메이海鳴社, 2001.
● 히키치 도시·히키치 요시하루 지음,
《무농약 정원 가꾸기無農薬で庭づくり》,
쓰키치쇼칸築地書館, 2005.
● 히키치 도시·히키치 요시하루 지음,
《오가닉 가든 북オーガニック·
ガーデンのすすめ》, 쇼신샤創森社, 2009.

'곤충'에 관한 책

● 우쓰바 시게시薄葉重 지음,
《벌레혹 핸드북虫こぶハンドブック》,
분이치소고출판文一総合出版, 2003.
● 사와다 요시히사沢田佳久·야스다
마모루安田守 지음, 《거위벌레
핸드북オトシブミハンドブック》,
분이치소고출판文一総合出版, 2009.
● 《곤충(야외관찰도감)昆虫(野外観察図鑑)》,
오분샤旺文社, 1998.
● 구로사와 요시히코黒沢良彦·와타나베
야쓰와키渡辺泰明 해설, 《딱정벌레
필드북甲虫 山溪フィールドブックス》,
야마케이샤山と溪谷社, 2006.
● 《일본산 애벌레 도감日本産幼虫図鑑》,

가쿠슈겐큐샤学習研究社, 2005.
● 모리우에 노부오森上信夫·하야시
마사유키林将之 지음, 《곤충의
식초·식수 핸드북昆虫の食草·食樹
ハンドブック》, 분이치소고출판文一総合出版,
2007.
● 다카바야시 준지高林純示 지음,
《벌레와 초목의 네트워크虫と草木の
ネットワーク》, 도호출판東方出版, 2007.
● 후지마루 아쓰藤丸篤夫 지음,
《찔레나무와 벌레들(수많은 신비
걸작집)ノイバラと虫たち(たくさんの
ふしぎ傑作集》, 후쿠인칸쇼텐福音館書店,
2000.
● 히키치 가든 서비스 지음, 김현정 옮김,
《벌레가 살고 있는 유기농 정원 만들기》,
동학사, 2011.

'생물 전반·생태계'에 관한 책

● 시골과 생물 네트워크 엮음,
《밭에서 놀자!-일본의 시골 놀이
입문田んぼで遊ぼう!—にっぽんの里遊び入門》,
지큐마루地球丸, 2010.
● 와시타니 이즈미鷲谷いづみ 지음,
고토 아키라後藤章 그림, 《그림으로
배우는 생태계의 구조絵でわかる
生態系のしくみ》, 고단샤講談社, 2008.
● 일본자연보호협회日本自然保護協会 엮음,
《지표생물-자연을 보는 잣대(필드가이드시

리즈)指標生物―自然をみるものさし(フィールドガイドシリーズ)》, 헤이본샤平凡社, 1994.

'제초제'에 관한 책

● 우에무라 신사쿠植村振作·쓰지 마치코辻万千子·가와무라 히로시河村宏 지음, 《농약독성 사전 제3판農薬毒性の事典 第3版》, 산세이도三省堂, 2006.

'잡초와 생활'에 관한 책

● 시골과 생물 네트워크 엮음, 《밭에서 놀자!-일본의 시골 놀이 입문》, 지큐마루, 2010.
● 사토 구니아키佐藤邦昭 지음, 《풀로 놀잇감 만들기作ろう草玩具》, 쓰키치쇼칸築地書館, 2004.
● 이자와 마사나伊沢正名 지음, 《먹고. 자고. 노상방변 자연에 사랑을 돌려주는 법くう.ねる.のぐそ 自然に '愛'のお返しを》, 야마케이샤山と溪谷社, 2008.

'정원 가꾸기'에 관한 책

● 히키치 도시·히키치 요시하루 지음, 《무농약 정원 가꾸기》, 쓰키치쇼칸, 2005.
● 히키치 도시·히키치 요시하루 지음, 《오가닉 가든 북》, 쇼신샤, 2009.
● 카렐 차페크 지음, 배경린 옮김, 《정원가의 열두 달》, 펜연필독약, 2019.

'외래종·유입종'에 관한 사이트

● 특정 외래생물 목록
http://www.env.go.jp/nature/intro/2outline/list.html
● 요주의 외래생물 목록
https://www.env.go.jp/nature/intro/2outline/list/caution.html

정원 잡초와 사귀는 법 오가닉 가든 핸드북

'히키치 가든 서비스' 히키치 도시·히키치 요시하루 지음
양지연 옮김

1판 1쇄 펴낸날 2020년 12월 10일

펴낸이   전은정
펴낸곳   목수책방
출판신고 제25100-2013-000021호
대표전화 070 8151 4255
팩시밀리 0303 3440 7277

이메일   moonlittree@naver.com
블로그   post.naver.com/moonlittree
페이스북 moksubooks
인스타그램 moksubooks

디자인 kimjihye.com
편집 도움 정다운
인쇄 상지사 P&B

ISBN 979-11-88806-17-1 (13480)
가격 20,000원

ZASSOTO TANOSHIMU NIWAZUKURI
by Hikichi Garden Service (Hikichi Toshi & Hikichi Yoshiharu)
Copyright ⓒ Hikichi Toshi & Hikichi Yoshiharu 2011
All rights reserved.
Original Japanese edition published
by TSUKIJI SHOKAN PUBLISHING CO., LTD.

Korean translation copyright ⓒ 2020 MOKSU PUBLISHING COMPANY
This Korean edition published by arrangement with
TSUKIJI SHOKAN PUBLISHING CO., LTD.
through HonnoKizuna, Inc., Tokyo, and BESTUN KOREA AGENCY

이 책의 한국어판 저작권은 일본의 혼노키즈나와 베스툰 코리아 에이전시를 통해
일본 저작권자와 독점 계약한 '목수책방'에 있습니다. 저작권법에 의해 한국 내에서
보호를 받는 저작물이므로 무단전재나 복제, 광전자 매체 수록 등을 금합니다.